天書
藍圖

基金經理是這樣減低風險

投資組合

全方位管理

彭宣衞博士 著　何宇澤 校閱　米羔 編輯

一隻黑天鵝、一場海嘯，或者一場戰爭都可能令投資者血本無歸。我們務必要懂得如何利用分散投資、保本策略等方法，達到保本、保富的效果。

重點內容：
- 解讀各種現代投資組合特色與風險
- 建構「長倉」、「對沖」及「保本」組合技巧
- 利用Office Excel軟件選擇合適投資組合
- 如何以科學方式評估基金經理表現

人應對所擁有的善加運用！

　　那領一千的，也來說：主阿，我知道你是忍心的人。沒有種的地方要收割、沒有散的地方要聚斂，我就害怕。去把你的一千銀子埋藏在地裏。請看，你的原銀子在這裏。主人回答說：你這又惡又懶的僕人、你既知道我沒有種的地方要收割、沒有散的地方要聚斂，就當把我的銀子放給兌換銀錢的人；到我來的時候、可以連本帶利收回。

《馬太福音 第二十五章 14-29》

知道你的基金經理！

　　凡軍之所欲擊，城之所欲攻，人之所欲殺，必先知其守將、左右、謁者、門者、舍人之姓名，令吾間必索知之。

《孫子兵法 用間第十三》

自己也可以當基金經理人！

　　臨淵羨魚，不如退而結網；揚湯止沸，不如釜底抽薪。

《漢書·董仲書傳》

投資不等於投機（種種戲）！

　　居士子，求財物者，當知有六非道。云何為六？一曰種種戲求財物者為非道，…若人種種戲者，當知有六災患。云何為六？一者負則生怨，二者失則生恥，三者負則眠不安，四者令怨家懷喜，五者使宗親懷憂，六者在眾所說人不信用。

《中阿含經卷第三十三：大品善生經第十九 善生經》

目錄

本書常用統計學公式

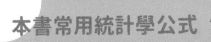

詳細符號說明期公式部份

風險的計算

平均數（Average）

$$\mu = \frac{\sum\limits_{i=1}^{N} x_i}{N} = \frac{x_1 + x_2 + \dots + x_n}{N}$$

變異數（Variance）

$$\sigma^2 = \frac{\sum\limits_{i=1}^{N}(x_i - \mu)^2}{N}$$

標準差（Standard Deviation）

$$\sigma = \sqrt{\sigma^2} = \sqrt{\frac{\sum\limits_{i=1}^{N}(x_i - \mu)^2}{N}}$$

變異系數（Coefficient of Variation）

$$CV = \frac{\sigma}{\mu} \times 100\%$$

共變異數（Covariance）

$$\sigma_{xy} = Cov_{(X,Y)} = \frac{\sum\limits_{i=1}^{N}(x_i - \mu_x)(y_i - \mu_y)}{N}$$

相關系數（Correlation Coefficient）

$$\sigma_{xy} = \frac{Cov_{(X,Y)}}{\sigma_x \sigma_y} = \frac{\sum\limits_{i=1}^{N}(x_i - \mu_x)(y_i - \mu_y)}{\sqrt{\sum\limits_{i=1}^{N}(x_i - \mu_x)^2(y_i - \mu_y)^2}}$$

回報的計算

價值加權回報率

（Dollar-weighted Rate of Return或稱Money-weighted Rate of Return）

$$r = \frac{FV - Vo - (\Sigma_{j=1}^{n} C_j)}{Vo^t + \Sigma_{j=1}^{n}(t - t_j)\,c_j}$$

此處：

r ＝回報率

Vo ＝原始投資金額

C_j ＝在t_j時段存入的金額

FV ＝時段t的最後結餘

例：一項18個月的投資項目

	原始投資	三個月後	五個月後	七個月後	十三個月後	十五個月後	最終價值
存入	2,000,000	80,000			20,000	17,000	2,300,000
提取			90,000	12,000			

則：

$$i = \frac{2,300,000 - 2,000,000 - 80,000 + 90,000 + 12,000 - 20,000 - 17,000}{(2,000,000)(\frac{18}{12}) + (80,000)(\frac{15}{12}) - (90,000)(\frac{13}{12}) - (12,000)(\frac{11}{12}) + (20,000)(\frac{5}{12}) + (17,000)(\frac{3}{12})}$$

$$= \frac{285,000}{3,004,083} = 9.48\%$$

時間加權回報率

（Time-weighted Rate of Return）

$$(1+r)^{tn} = \frac{B_1}{B_0} \cdot \frac{B_2}{B_1 + W_1} \cdot \frac{B_3}{B_2 + W_2} \cdots \frac{B_n}{B_{n-1} + W_{n-1}}$$

$$(1+r)^{tn} = \frac{B_1}{1!} + \frac{n(n-1)x^2}{2!} + \cdots$$

例：一項18個月的投資項目

	原始投資	三個月後	五個月後	七個月後	十三個月後	十五個月後	最終價值
期初	2,000,000	2,070,000	1,827,500	1,831,500	1,782,939	2,001,262	2,300,000
存入		80,000			20,000	17,000	
提取			(90,000)	(12,000)			

則：

$$1+r)^{\frac{18}{12}} = (\frac{2,070,000}{2,000,000})(\frac{1,827,500}{2,070,000+80,000})(\frac{1,831,325}{1,827,500-90,000})(\frac{1,782,939}{1,831,325-12,000})(\frac{2,001,262}{1,782,939+20,000})(\frac{2,300,000}{2,001,262+17,000})$$

$$1+r)^{\frac{18}{12}} = 1.04 \times 0.85 \times 1.05 \times 0.98 \times 1.11 \times 1.14 = 1.1511$$

$$r = 1/100(6170^{2/3} - 100) = 9.83\%$$

根據CFA Institute在2010年9月出版的 *Global Investment Performance Standards: Guidance Statement on Calculation Methodology* 建議基金管理行業在計算回報時採用時間加權回報率（Time-weighted Rate of Return）為基準。

年度化收益率公式（Annualizing Returns）

年度化收益率＝｛〔(本金＋收益)/本金〕^(365/天數)｝－1

或

年度化收益率＝｛〔(本金＋收益)/本金〕^(1/年數)｝－1

例：

本金＝$200,000

增益＝$16,000

年期＝2.5年〔即 天數＝(365*2.5)＝913(四捨五入半日賬)〕

則：

年度化收益率＝｛〔($200,000＋$16,000)/$200,000〕^(365/913)｝－1

＝3.12%

投資的目的是為了我們得來不易的金錢妥善保管及升值。妥善保管金錢並不是要把錢藏在後花園的地底，而金錢升值也不是要去賭場血拼。因為每人都各人喜好，所以要取得兩者平衡並不容易。有的喜歡刺激的高空彈跳（Bungee Jump），也有的喜歡啜着濃茶聽聽音樂。本書的目的，並不是為迎合所有投資者的投資需要，而是為讀者介紹一套市場主流系統。要注意的是我所描述的主流系統不是排他性的，我接受所有有效的系統。本書所指的主流構建投資組合系統是建基在Markowitz教授[1]在1952年發表的理論，即投資以期望回報（Expected Return）為基礎，配以預計風險。這套理論曾幫助Markowitz教授獲得1990年度諾貝爾經濟學獎，並且依然是現代投資組合理論的基礎。即使在1992年，Amos Tversky及Daniel Kahneman[2]發表了展望理論（Prospect Theory），在傳統期望回報（Expected Return）的計算中加入心理因素，突破原來計算方式，但在建構投資組合時仍以 Markowitz 理論為框架，這告訴我們理解這套系統是有必要性的。本書的首三章就是以Markowitz的理論為基礎（因為這仍是市場主流計算方式），然後在附錄中介紹展望理論。

第一章在介紹現代投資組合理論的主要目的及如何透過分散投資而減低投資風險。

第二章會藉着對效用理論（Utility Theory）的探討，計算出投資者對風險的喜好程度，並帶出無差異曲線的意義，其目的是使讀者知道任何一項投資產品都不能夠滿足所有投資者。

---

1 Markowitz, Harry, Portfolio Selection, The Journal of Finance, Vol. 7, No. 1. (March, 1952), pp. 77-91.
2 Kahneman, D. and A. Tversky, Prospect theory: An analysis of decisions under risk. Econometrica 47 (2): pp263-291, 1979.

在第三章，我們從另一個角度去看投資組合的選擇，亦即思考市場能否提供有效的投資組合給投資者選擇。然後，我們會學習如何利用最普遍的商用應用軟件去幫助選擇合適的投資組合。

第四章會分別處理長倉（Long Only）及對沖（Long/Short）組合。憑着可以買入及沽空的便利，對沖基金在90年代非常盛行，即使在今天仍是不可忽視的主題。我會分別簡介他們的運作及風險。

由於投資總會涉及一定風險，故此，有基金公司推出保本基金。第五章就是討論如何自行構建一個有效的保本基金。

本書最後兩章是用作討論基金經理人的表現，除了一般常用的比率外，我亦會介紹一個較少由基金經理人提出應用的基金表現考核方法。原因為基金表現同時會受市場本身表現所牽引，換言之，一個基金經理人在大旺市中叫囂自己的表現時，他可能只是因利成便，時勢造英雄而已。

如果將各章節併入整個投資組合構建流程，則會如下圖（見下頁）。在圖中，第一及第二步驟可參考有關如何選擇股票的書籍。也可參閱我的另一著作《正視股票投資》。

在書中我們會無可避免地採用了一些數學模式、公式等，但我已盡量利用容易掌握的方法而捨棄一些較深的數學，好讓更多讀者能了解這些知識/技巧。

本書的目的是寫給一些本身不是財務專業的專業人士。他們日理萬機，很多時候都需要財務顧問及投資專才為他們出謀獻計，我覺得彼此能理解對方的想法是重要的，因此這本書絕對能為投資者打好一定基礎。或許有一天，專業人士也會自行操刀，為自己設計自己的投資組合。

圖：構建的投資組合流程

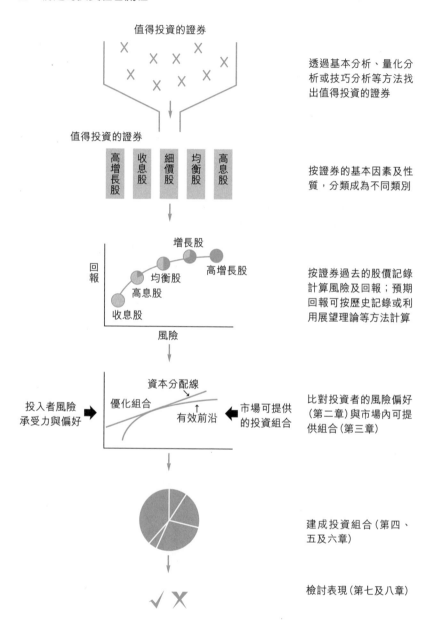

值得投資的證券

透過基本分析、量化分析或技巧分析等方法找出值得投資的證券

值得投資的證券

高增長股　收息股　細價股　均衡股　高息股

按證券的基本因素及性質，分類成為不同類別

回報

增長股

均衡股

高增長股

高息股

收息股

風險

按證券過去的股價記錄計算風險及回報；預期回報可按歷史記錄或利用展望理論等方法計算

資本分配線

優化組合

有效前沿

投入者風險承受力與偏好

市場可提供的投資組合

比對投資者的風險偏好（第二章）與市場內可提供組合（第三章）

建成投資組合（第四、五及六章）

檢討表現（第七及八章）

第一章

構建投資組合的目的
及主動管理的原因

1.1 構建投資組合的目的

這是一本關於資產管理的書，目的是介紹如何構建一個合適的投資組合。

在此之前，讓我們先看下面的故事：

假設我們置身龜兔賽跑的現場，龜龜雖然身負厚厚龜殼，卻仍然精神奕奕，十分有鬥志，似乎早有準備。另一位參賽選手，高大威猛的兔先生，身穿雪白毛裘，在陽光下發出令人耀眼的光芒，但精神卻是一般。這時你旁邊的損友要請你參與一場博奕，並開出三個選擇。這時，你的口袋裡只有1,000元，對下面的三個選擇，你會如何選擇呢？

1. 將1,000元全部押在兔先生身上；
2. 將500元押在兔先生，然後將餘下500元留作現金；
3. 將600元押在兔先生，而400元則押在龜龜身上。

當然，我們知道最後結果是龜龜爆冷勝出。然而在上述的三個選擇中，除了第一項之外，其餘都是仍有餘額，不致一鋪清袋。在這個例子中，我們可以看到分散資金可以減少損失，但不一定能夠為投資者提供額外的高收入。在金融學上，這種可以分散的投資稱為可分散風險（Diversifiable Risk），也稱為非系統性風險（Non-Systematic Risk）。在上述例子中，假如博奕的消息被旁邊的人打聽到，然後召喚警方拘捕閣下及你的損友，並以非法聚賭控罪作為公訴，結果閣下的1,000元不保，亦要被開罰單，這是一種不能透過分散而令風險減低的風險，被稱為系統性風險（Systematic Risk，又稱為總體風險Aggregate Risk、市場風險Market Risk、不可分散風險Undiversifiable Risk），即是市場中所有會影響市場參與者的風險。

系統vs系統性

但要注意的是，系統風險（Systemic risk）有別於系統性風險（Systematic Risk）。系統風險是整個系統內全部或部份組合件失效或崩潰而導致骨牌式，或非骨牌式失效的風險。理論上，將資金越分散，風險會越低，但系統性風險則是無可減低的，如圖1-1：

圖1-1：投資風險與組合內股份數目的關係

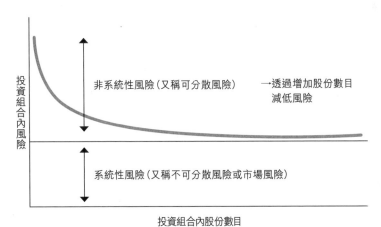

Elton及Gruber（1977）[1]就曾對風險（以標準方差為參數）及投資組合中股份數目作出研究以找出組合內股份數目如何能夠降低風險，結果如下：

---

1 Elton. E.J. and M.J. Gruber, Risk Reduction and Portfolio Size: Am Analytical Solution, Journal of Business, 36 (Oct 1977): pp415-437

表1-1：股份數目與風險關係[2]

投資組合內份數目	投資組合每年回報的 預望標準方差	投資組合標準方差 對單一股票標準方差比例
1	49.236	1.00
2	37.358	0.76
4	29.687	0.60
6	26.643	0.54
8	24.983	0.51
10	23.932	0.49
12	23.204	0.47
14	22.670	0.46
16	22.261	0.45
18	21.939	0.45
20	21.677	0.44
25	21.196	0.43
30	20.870	0.42
35	20.634	0.42
40	20.456	0.42
45	20.316	0.41
50	20.203	0.41
75	19.860	0.40
100	19.686	0.40
200	19.423	0.39
300	19.336	0.39
400	19.292	0.39
450	19.377	0.39
500	19.265	0.39
600	19.247	0.39
700	19.233	0.39
800	19.224	0.39
900	19.217	0.39
1000	19.211	0.39
無限	19.158	0.39

註：第三欄是以在加入新股後所得出的標準方差除以單一股份時的標準方差 (即49.236) 而成

2　Elton, E.J., and M.J. Gruber, Modern Portfolio Theory and Investment Analysis, 2nd edition, New York John Wiley & Sons: pp96

結果是當投資組合內的股份數目由1隻增加至10隻時，風險會減少達51%（即上表第三欄的0.49），再增加10隻，風險再減低額外5%（即上表第三欄的0.44），而當股份數目增加至30隻時，風險只減低額外2%（即上表第三欄的0.42）。

　　今天大多教科書都會指出10-15隻股份或資產就能有效地減低投資組合的風險（雖然後來Meir Statman[3]及後發表論文説：對一位有負債的投資者來説，30隻股份才是適合，對有資金借出的投資者來説，40隻股份才是有效分散風險的數目。）其實，我認為實際股份數目只是一個參考數字，主要的是看投資組合內所有股份的相關性（以相關系數Co-efficient為參數）。假如我們購買100隻性質相同而過去走勢記錄一致的股份，所謂分散投資便會變成紙上談兵。在以下章節中，我們會再行探討相關系數在構建投資組合的重要性。

3　Statman, Meir, How Many Stocks Make a Diversified Portfolio?, Journal of Financial and Quantitative Analysis, Cambridge University Press, vol. 22 (03): pp353-363, September, 1987

1.2 資產配置的重要性

　　前文已交代了投資組合的目的是減低非系統性風險（即可分散風險），這可以說是消極的角度。假如從積極角度來看，建構投資組合又會否帶來額外收益呢？在現今投資領域中，對如何帶來回報的爭論一直未能塵埃落定。自Benjamin Graham於1934年出版 Security Analysis（與David Dodd合著）及1949年出版 The Intelligent Investors 後，基本分析迅即成為股票投資的基石，因為投資者總會認為如果能夠在一堆股票中，找到質素最好的股票，他們就能夠獲取豐厚的利潤。然而在1986年，Brinson、Hood及Beebower[4]三位學者合出版了一份令人咋舌的報告。在報告中，他們分析了1974年至1983年年間91家美國大型退休金管理公司的表現，結論是投資組合的回報可分別由資產配置（Asset Allocation）、選擇股票（Security Selection）及其他因素所解釋，而其中資產配置對回報的貢獻遠較能選擇出好股票的貢獻為大。於1991年，Brinson、Singer及Beebower根據82家退休金管理公司在1977至1987年的表現，更新了結果，結論如下：

表1-2：Elton及Gruber對解釋回報因素的結果

	1986年研究	1991年研究
資產配置 （Asset Allocation）	93.6%	91.5%
選擇股票 （Security Selection）	4.2%	4.6%
預測市況 （Market Timing）	－	1.8%
其他 （Others）	1.7%	2.1%

註：其他是包括幸運等因素

4　Gary P. Brinson, L. Randolph Hood, and Gilbert L. Beebower, Determinants of Portfolio Performance, The Financial Analysts Journal, July/August 1986及Gary P. Brinson, Brian D. Singer, and Gilbert L. Beebower, Determinants of Portfolio Performance II: An Update, The Financial Analysts Journal, 47, 3 (1991).

簡單來說，他們認為只要成功的資產配置（即合理地將股票、現金及債券等配置投資組合內）則已決定了投資組合中的大部份結果（兩份報告均指示出90%以上的歸因）。由此引伸出來的投資方法稱為被動式管理（Passive Management），相對而言，採用選股策略的，我們稱之為主動式管理（Active Management）。被動式管理基本上不刻意選取股票，最通常做法是透過按指數成份股比例買入同比例股份，我們稱這種基金為指數基金或指數型基金（Index Fund或稱Index Tracker）。被動式管理方式亦以交易所買賣基金（國內稱交易所交易基金，台灣稱指數股票型基金）（Exchange-Traded Fund，簡稱ETF）形式出現。舉例，假如我們看好印度股票，我們只需購買印度ETF便可以有90%的勝算，所以根本不需要在眾多的股市裡找來找去。這類型基金在美國龐大的基金市場內佔有一成以上的市場份額，而且仍在增長中。由於被動式管理不用基金經理人作現場盡職審查，故此，管理費較其他基金略低，使他們更具吸引力。當然主動式基金管理仍具叫座力，憑着基金經理人的出色表現，主動式基金公司規模仍在膨脹中，反映出投資者應該仍在獲利。

1.3 主動式管理的優越性

　　某程度上，我同意被動式管理的較低管理費有相當優勢[5]，但在我看來節省回來的管理費，未必能夠補償因採用被動式管理方法而導致的機會成本（Opportunity Cost）損失，我的觀點可以由以下各點作支持：

1. 被動式管理的論點主要是建築在有效市場假設（Efficient Market Hypothesis，一般簡稱為EMH），簡單來說，市場股票的走勢能夠全面反映所有公開的資料，故此，主動地去尋找其他資料實在是徒勞無功的。但事實卻指出市場的資訊並不能夠馬上能夠反影在股價上。

2. 另一個令投資者鍾愛被動式管理的原因是犒賞制度，他們認為在主動式管理下，基金經理人會為攫取高的管理費用或利潤分成而採取較進取的，甚至作出高風險的投機策略，被動式管理則較少會受這樣的影響。從主觀角度，這個論點只可能通用於個別極端例子，一般基金公司都會投放巨大資源來保持長期客戶關係，不會隨便為短期回報而犧牲公司長期利益，因為客戶的利益最後必然變成公司的資本。

　　從客觀角度來看，基金經理人的投資活動其實是可以由基金章程（Offering Memorandum）中的規範來限制。一般規定包括：

I. 投資組合的槓桿比率，如不可借取本金的一倍；

II. 每項投資佔整體投資金額的比例，如每項投資不能超過整個組合的5%；

5　在這方面，較權威的研究是Sharpe, William F., The Arithmetic of Active Management, The Financial Analysis Journal, January / February (1991).

III. 每年平均交易量（Turnover，即買賣總金額）佔整體投資金額的比例，例如在一個二億元的投資組合，全年交易金額不能超過二千萬元；

IV. 限制可以買入股份的特色，如被投資的公司本身負債不能超過某一預定水平。

3. 從股票市場波動歷史來看，被動式管理可算是聽天由命。在牛市時，指數節節上升，投資組合的價值自然水漲船高。但假如大市處於熊市時，基金經理人又應否維持着原則，讓組合價值跟隨大市下墜而下跌。相信任何一個理性的投資者在跌市時都會增持現金或沽空（如容許）以迴避跌市。被動式管理投資者可能會辯稱要預測指數的走勢根本是賭博式冒險當然他們是先假設股票的走勢是隨機（Random Walk）的。但實際上有些走勢預測根本不是冒險，而是肯定的；如在2008年當Lehman Brothers倒閉時，我相信沒有投資者會預測大市會回升。其他例子包括天災及政治因素。在這等情況下，被動式管理帶來的只會是虧損，而不是節省管理費用。

4. 被動式管理主要是透過複製（Replication）指數中各成份股的比重而進行，故此，亦稱為指數基金（Index Fund）。但問題是，指數基金是按甚麼原則選取成份股？今天，大部份指數都是以規模（Size）及流通量（Liquidity）為選取標準，即是在各板塊中取規模最大及流通量最高的股票。但理智的投資者都應該知道規模大及高流通量並不能一定代表企業的質素，而指數公司在選取時主要的考慮點是他們的代表性，不是對質素及前景的肯定。

正因為如此，當一位被動式管理投資經理在複製指數時，成份股比重時應否選一些規模大但前景黯然，質素較次的公司呢？我想他們可能不希望這樣愚蠢，但卻不能不根據章程所訂而做。

另一方面，指數所反映的行業或地區以是否值得投資呢？比說，某液晶體顯示屏（Liquid Crystal Display，簡稱LCD）行業，在10多年前曾是熱門的行業，專門的指數可能密切監察該行業翹楚的股價走勢。假若當日，我們成立一家以LCD行業指數本為基礎的投資組合，獲利應該不俗；但眾所周知，其後，在各競爭者紛紛而至的情況下，產能開始過剩，結果行業不景氣，行業內的企業股價亦相繼下跌。問題是被動式管理投資經理可能被迫默默的守着股票，而不能將資金轉移至前景較佳的行業。這就是所謂指標風險（Benchmark Risk）。

5. Graham及Dodd[6]在論述基本分析的優點時曾點出細價股能夠提供巨大升值潛能是因為市場容易忽視它們的存在，正如上面所提及，指數公司往往只選擇大規模及高流通量的股份，而細股份或冷門股票則置之不理。主動式管理經理則不同，他們會利用不同的分析工具在市場中找到被人忽視的股票，為投資者帶來先機。

當然，主動式管理也有它的缺點，而最大的缺點莫過於依賴基金經理人的選股才能，要在市場找到常勝將軍其實並不容易。

---

6 Graham, Benjamin and David Dodd, Security Analysis, New York: Whittlesey House/ McGraw Hill, 1934.

1.4 小結

　　主動式及被動式管理的爭論已不休止地進行了20多年，不同的研究都點出不同的結果。我個人覺得這可能是一個選取資料時段問題，有趣的是市場每天都在變動，在其中一個市場或板塊選取一段時空，然後作出以偏概全的結論，其實是高風險的。然而，這都不是這本書的主要題材，主要的是上述的討論指出構建投資組合是可以減低風險。下面各章就是以Markowitz的現代投資組合理論（Modern Portfolio Theory，簡稱MPT）為基礎介紹如何構建適合的投資組合。

備註：有效市場假設

有效市場假設（Efficient Market Hypothesis，簡稱EMH）是財務學的一個主要論理，它由Eugene Fama[7]教授在60年代所倡議，並於其後由Paul Samuelson發揚光大，理論中的三大假設是：

1. 市場在新資訊發生後會馬上作出反應，並且會立刻調節至新的價位水平；

2. 所有新資訊都是隨機及偶發性的，好消息及壞消息的出現是參雜的；

3. 投資者是理性的（Rational）且以獲得最大利益（Profit Maximization）為其目的，故此，所有決定都是獨立無關連的。

在EMH理論下，市場又按資訊的滲透性分成三類，分別為弱式效率（Weak Form Efficiency），半強式效率（Semi-Strong From Efficiency）及強式效率（Strong Form Efficiency）它們的特色如下：

表1-3：EMH的不同假設

模式	資訊的滲透充份	結果
弱	所有過去發生的資訊都已經反映在目前的股價，而過去所發生的訊息是隨機性的。	分析股份走勢是不能用作預測未來，故此分析所有已公開的資訊均不能作預測之用，所以基本分析是沒有用的。
半強	所有已公開的資訊（如公司財務報表）都已經充份反映在目前的股價。	分析所有已公開的資訊平均不能作預測之用，故此基本分析是沒有用的。
強	所有半公開或及已公開的資訊都已經充份反映在目前的股價。	分析內幕消息是不能用作預測未來，故此，獲得內幕消息也是沒有用的。

---

7 Fama, Eugene, Efficient Capital Markets: A Review of Theory and Empirical Work, The Journal of Finance, Vol. 25, No.2: pp383-417 (May 1970).

但從過往歷史來年，資訊的發生往往不會反映在股價上，2001年Eron Corporation（NYSE: ENE安然公司）便是一個非常明顯的例子，在未倒閉前，這家能源公司擁有20,000個員工及在2000年公佈收益達1,010億美元。而即使美國政府因應事件而促成嚴苛的Sarbanes-Oxley Act 2002以加強監管上市公司資訊的公開，但其後亦有AIG、Lehman Brothers、Olympus Corporation等公司出現財務醜聞；説明股價在根本市場上不能完全反映公開與未公開的資訊。即使在弱式效率市場中，目前股價也未必能反映過去的資訊，舉例説，Werner De Bondt及Richard Thaler[8]（根據紐約證券交易所由1933年至1980年16個三年期的成交紀錄）構建了兩個投資組合，分別為股價表現最佳的35隻股份及表現最差的35隻股份，然後比對大市指數，結果大出意外：原來曾經表現最差的35隻股份的組合不單沒有下跌，反而節節上升，成為跑贏大市的股份。反之，原本曾經表現最佳的股份組合則漸次落後大市，成為輸家，結論是股票市場是有過度反應（Overreaction）的現象，這系列的研究後來亦發展成為行為財務學（Behaviourial Finance）。

事實上，根據投資者的心理作用，如羊群心理（Herd Mentality，又稱為從眾心理）、過度自信理論（Overconfidence Theory）等，都對今天股價有正面的影響，打破了EMH的效率理論。

---

8   De Bondt, Werner F. M. and Richard Thaler, Does the Market Overreact? The Journal of Finance Vol. 40: pp793-805,1985.

第二章

投資者的選擇 (I)
比較回報與風險

投資者或者基金經理人在進行投資前最重要的問題並不是買或賣，而是應該投資甚麼。透過各種基本分析及技術分析技巧，我們能夠判定某一股份應該是買還是賣。簡單來說，假如當公司的借貸比率是低於10%，而市盈率應低於12倍，股價正在上升三角形態時，我們應該買入；但到底我們應該買多少，或應當將資金全部投入呢？因此，這章所要解決的，不是應否買，而是應該買入多少的問題。從事投資行業多年，我見過不少人能夠在芸芸眾多的股票中選出有升值潛力的股票，但卻在配置多少份額的問題上被弄得失敗告終。一般來說，基金經理人及投資者最常犯的錯誤是過份集中於某隻股份，當然，當股價上升時，整個投資組合的價值會水漲船高，但反之，可能導致整體表現落後大市。

另一個常見問題是固執。舉例說，一位在機構工作多年的高級行政人員在同一家機構工作了15年，他正打算利用過去所建立的客戶關係來創一番事業。過去他在資本市場有不少投資，獲利不少，但如今，他的收入穩定性及現金流即將有所改變。從這角度來看，我們可知道當年薪高糧準時的投資組合可能已經不再適合；換言之，他可能要按不同需求而改變投資組合內的投資配置。在連串金融事故後的今天，所有投資者在金融服務公司開啟投資戶口時，都會被要求填寫一份問卷，其中較常問的問題是：閣下可以接受投資價值下跌多少？一般來說，可接受較低跌幅反映投資者是屬保守型的，反之，若投資者可以接受較大的跌幅，則反映該投資者是進取型。從這種分類技巧，我們可以為投資者訂出他應該配置多少高風險（這並不表示他可以獲得高回報）的資產及多少低風險（即低回報）的資產。時至今天，這類問卷已改進了不少，但仍有學者認為這類問卷根本不能準確地判斷投資者的類型，因為投資者在反應市場波動時多有略為遲緩的現象，即是投資者對短期波動的敏感度不高，因為他們可認為投資價值在稍後會回升。

如今當投資者進行投資前，投資顧問都會先為投資者進行風險評估，故此我們應該很容易便會取得評估問卷作參考，一般來說，問卷會包含下列問題：

1. 假設閣下確知某項投資者會在未來一年會為閣下帶來不少於20%的回報，但閣下資金有限，閣下會：
   A. 不會進行任何借貸並放棄投資；
   B. 借入50%投資額並進行投資；
   C. 借入100%投資額以進行投資

2. 當閣下在受僱機構工作最少兩年並且知道僱主的業務前景亮麗，現在僱主提出以現時股價向閣下售出僱員認股計劃以供閣下認購，閣下會：
   A. 不會認購；
   B. 會以兩個月的薪金認購；
   C. 會以三個月的薪金認購

3. 閣下在買入某項投資項目60日後，在投資項目本身及市場基本因素沒有明顯改變的情況下，持續下跌了20%，閣下會：
   A. 立刻沽清手上於該投資項目
   B. 不採取任何行動，靜候投資項目回升
   C. 進一步買入以減低平均成本

4. 閣下在上述已下跌20%投資項目的原來預計投資期限是
   I. 5至10年，閣下會：
   A. 立刻沽清；
   B. 不採取任何行動；
   C. 進一步買入

   II. 11至15年，閣下會：
   A. 立刻沽清；
   B. 不採取任何行動；
   C. 進一步買入

III. 30年以上，閣下會：

A. 立刻沽清；

B. 不採取任何行動；

C. 進一步買入

5. 假如閣下在買入一投資項目60日後，在投資項目本身或市場中的基本因素並沒有顯著變化的情況下上升了20%，閣下會：

A. 立刻沽出以鎖定回報；

B. 不採取任何行動；

C. 買入更多以期更多獲利

6. 閣下正在為15年後的退休生活作投資，閣下會：

A. 全部投資於低風險回報的投資項目；

B. 將一半資在低風險回報的投資項目，而將另一半放在高風險但高回報的投資項目；

C. 全部投資於高風險但高回報的投資項目

7. 假如閣下有下列三個中獎機會，閣下選擇會是：

A. 現金10萬元；

B. 有50%機會是20萬元，另50%是0；

C. 有20%機會是50萬元，另80%是0

根據以上問卷分析，投資顧問可按答案對投資者意向分類如：

選項結果	結論
8-9項選A	保守型（又稱厭惡風險投資者〔Risk-averse Investors〕）
6-8 項選A，其餘選B	中庸型
A、B及C平均	均衡型（又稱中性風險投資者〔Risk-neutral Investors〕）
6-8項選C，其餘為B	增長型
8-9項選C	進取型（又稱偏好風險投資者〔Risk-lovers〕）

2.2 從效用分數到無差異曲線

我們可以再根據不同類型，量化為投資厭惡指數（Investor Aversion Index），指數越高，代表投資越趨向保守，反之，則越趨進取，在為投資者配置投資項目時，這指數是其中一個最重要的參數，它一般用於計算效用分數（Utility Score），效用分數是投資者對某投資組合相較無風險資產（Risk Free Asset）回報的期望。例如，效用分數是3%則代表該投資者希望該投資組合會比無風險資產的回報高出3%。公式是：

$$效用分數 = E(r) - 1/2 \times A \times \sigma^2$$

此處：

E(r)　　：期望回報（Expected Return）

A　　　：投資者厭惡指數（Investor Aversion Index）

σ^2　　：回報的方差（Variance of Return，即是標準差的平方）

舉例我們將投資者厭惡數以1-5分表示，進取型為1分，保守型為5分，然而假設下列三個投資組合，A、B及C組合，根據過去股價的變動，三個組合的期望回報（E(r)）及回報的變數（σ^2）是：

表2-1：（例子）模擬投資組合的回報與風險參數

	組合A	組合B	組合B
期望回報E(r)	0.12	0.15	0.18
回報的 方差(σ^2)	0.04	0.05	0.06

則效用分數為：

表2-2：（例子）模擬投資組合的效用分數

厭惡指數	組合A 回報E(r)=0.12 風險σ^2=0.04	組合B 回報E(r)=0.18 風險σ^2=0.05	組合B 回報E(r)=0.18 風險σ^2=0.06
1	0.12－1/2×1×0.04＝0.10	0.15－1/2×1×0.05＝0.13	0.18－1/2×1×0.06＝0.15
2	0.12－1/2×2×0.04＝0.08	0.15－1/2×2×0.05＝0.10	0.18－1/2×2×0.06＝0.12
3	0.12－1/2×3×0.04＝0.06	0.15－1/2×3×0.05＝0.08	0.18－1/2×3×0.06＝0.09
4	0.12－1/2×4×0.04＝0.04	0.15－1/2×4×0.05＝0.05	0.18－1/2×4×0.06＝0.06
5	0.12－1/2×5×0.04＝0.02	0.15－1/2×5×0.05＝0.03	0.18－1/2×5×0.06＝0.03

註：注意參數中，回報必須大於風險，否則效用會變為負數，即根本沒有效用

所謂效用分數是指投資者在同一個效用分數時，他可以接受的期望回報及風險，是會互相抵銷（Trade-off）。舉例來說，當效用分數為0.09（即9%），而投資厭惡指數為3.0時，投資者可以接受的風險與回報比率會是：

$$0.09 = E(r) － 1/2(3.0)\sigma^2$$

我們利用上述公式並假設回報（即E(r)），然後計算出風險（即σ^2）。投資者也可先假設風險，後計算回報，結果會是：

表2-3：（例子）模擬投資組合的曲線

E(r)	σ^2	
0.161	0.217	要求回報越低， 須承受風險越低
0.162	0.219	
0.150	0.200	要求回報越高， 要承受的風險越高
0.141	0.184	
0.141	0.186	

以圖展示上述數字，則為

圖2-1：（例子）模擬投資組合的曲線

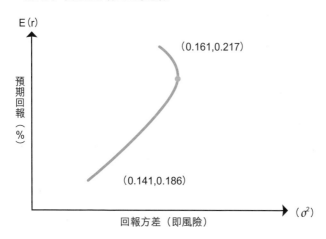

在財務學來說，這邊曲線上的每一點稱為「確定等價收益率」（Certainty Equivalent Rate），而當我們改變效用分數時，在新的曲線會隨之出現，我們稱該線為無差異曲線（Indifference Curves）。

我們可改變效用分數另外多條相類似的曲線，即如下圖；需要注意的是圖中各曲線的弧度及斜度相同。

圖2-2：模擬投資組合的無差異曲線；改變效用分數（Utility Score）時

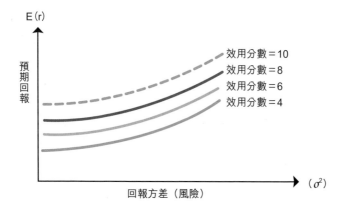

另一方面，假如我們改變投資厭惡指數時，另一條曲線又會出現如下：

圖2-3：模擬投資組合的無差異曲線；改變厭惡指數（Investor Aversion Index）時

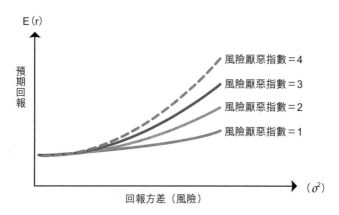

根據無差異曲線，投資者可按自己對風險厭惡程度來配置投資組合裡面的組合比例。由於每位投資者都有個別喜好，故此每位投資者的無差異曲線亦會不同，如下圖：

圖2-4：因人而異的無差異曲線

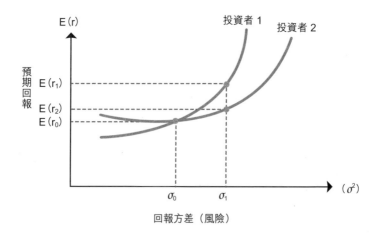

2.3　投資資產與無風險[1]投資資產的配置

　　風險厭惡指數亦可以直接計算風險投資資產與無風險投資資產（Risk-free Investment，如政府債券）在投資組合中的配置，我們可以假設投資組合W的期望回報及風險。

回報程度：

$$E(r_c) = r_f + W(E(r_p) - r_f)$$

此處：

$E(r_c)$	：期望回報（Expected Return）
r_f	：無風險回報率（Risk-free Rate）
W	：投資組合比重（Weighting of Risky Asset）
$E(r_p)$	：投資組合的總回報（根據過去風險投資資產記錄為參考值）（Total Returns of Risky Asset）

風險程度：

$$\sigma^2 = w^2 \sigma_p^2$$

此處：

σ^2	：回報方差（Variance of Return）
w	：投資組合比重（Weighting of Risky Asset）
σ_p^2	：投資組合的歷史回報

綜觀上述兩項以求效用的最大率（Utility Maximization），則

$$\text{Max } U = E(r_c) - 1/2\,A\sigma^2 = r_f + W(E(r) - r_f) - 1/2\,Aw^2\sigma_p^2$$

1　傳統上，我們會以美國國庫債券孳息率作為無風險回報率。

此處：

A　　　：風險厭惡率

就W作微積分並將微積式設成0，則W*

$$W^* = \frac{E(r_p) - r_f}{A\sigma^2_p}$$

舉例，投資組合的總回報，回報變化及無風險回報率分別是15%、10%及2%，當風險厭惡率是5時（即投資者不願意承受高風險）

則

$$W^* = \frac{E(r_p) - 2\%}{5\sigma^2_p}$$

$$= 2.6$$

即該投資者可以配置65%投資額於風險資產及（100%－65%）＝35%投資額於無風險資產。當風險厭惡是1時（即投資者願意承受高風險）

則

$$W^* = \frac{15\% - 2\%}{1(10\%)^2}$$

$$= 13$$

即該投資者應該將所有投資額配置在風險資產上，因為W*大於1。

但問題是市場是否存在投資者所需求的投資組合呢？這會是下章我們將要討論的問題。但在進入下一步前，我們需要處理以下幾個技術問題以幫助更深入理解這課題。

備註一：現代投資組合理論的主要假設

本章所討論的是根據Harry Markowitz在1952年的 *Portfolio Selection* [2] 所提出的現代投資組合理論（Modern Portfolio Theory，簡稱MPT）為基礎。雖然絕大部分理財及資產管理人員依然以這理論為基本，但隨着時代改變及理論更新，部分細節實有檢討的必需。在這部分，我們將會處理下列三個問題：

1. MPT的假設是否仍然有效；
2. 投資者是否為理性投資者；
3. 以歷史成交記錄為參數是否仍然合適。

由於第三個問題與下一章內容有關，故在下一章才處理。在此我們先處理第一個問題，即MPT的假設是否仍然有效。

MPT的成立在於6項假設

1. 投資者是否可以透過概率分佈（Probability Distribution）來預計將來的可能回報；
2. 投資者的單一期效用函數（Single-period Utility Functions）是可以透過財富邊際效用遞減架構來最大化效用；
3. 投資者是利用對可能回報值的變異性（Variability）來投資；
4. 投資者只利用期望回報及風險估計來做出投資決定；
5. 投資者是用回報概率分佈中的期望回報值及波幅，作為計算期望回報及風險；
6. 投資者渴望回報，但同時逃不了風險。

---

2 Markowitz, Harry, Portfolio Selection, The Journal of Finance, Vol. 7, No. 1. (March, 1952): pp. 77-91.

我在這裡不打算作學術性的討論，因為這些假設，特別是第一及第二點均是依典型及靜態分析方法及假設來設定。從實務角度來看，這些假設是有些過時，事實上，部分假設如第五點，已經有較新的理論去詮釋（我會在下一章附件中再作介紹），在實用的層面上，卻有繼續優化的必要。然而，即使這些假設有過時之嫌，但卻未有更新的理論可以全面取代，故仍有存在價值。

備註二：投資者是否理性？

在本章主文介紹無差異曲線（Indifference Curve）時，曲線是向內曲的而不是線性或向外曲的。從理論層面，曲線應該是線性的，因為投資者理論上是在回報及風險之間有相同比例的抵消，即要求一單位增加的回報時，應須承受同一比例單位的風險增加，在學術上，我們稱之為公平遊戲（Fair Game），但實際上，我們進行的卻不是公平的遊戲！

在1944年，John von Neumann及Oskar Morgenstern[3]從古舊的效用理論發展出期望效用函數理論（Expected Utility Theory，又稱為Von Neumann-Morgenstern理論），並衍生出三種風險的主觀態度，即風險偏好，風險中性及風險厭惡，三種態度可以從下面的（ai）、（bi）及（ci）三張圖顯示，我們又可從這三張圖轉變為

---

3 Neumann, John von and Oskar Morgenstern, Theory of Games and Economic Behavior. Princeton, NJ. Princeton University Press. 1944 (Second edition 1947 and third edition 1953).

圖2-4：面對風險的主觀態度及對無差異曲線的影響

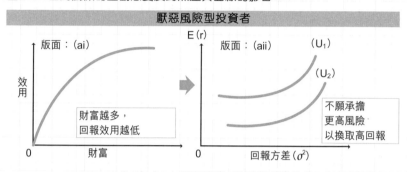

厭惡風險型投資者

版面：(ai)

效用

財富越多，
回報效用越低

0　　　財富

E(r)

版面：(aii)　　(U₁)

(U₂)

不願承擔
更高風險
以換取高回報

0　　　回報方差 (σ^2)

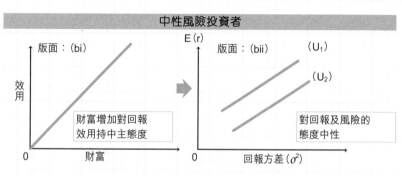

中性風險投資者

版面：(bi)

效用

財富增加對回報
效用持中主態度

0　　　財富

E(r)

版面：(bii)　　(U₁)

(U₂)

對回報及風險的
態度中性

0　　　回報方差 (σ^2)

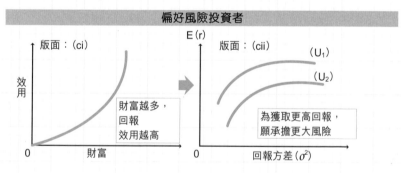

偏好風險投資者

版面：(ci)

效用

財富越多，
回報
效用越高

0　　　財富

E(r)

版面：(cii)　　(U₁)

(U₂)

為獲取更高回報，
願承擔更大風險

0　　　回報方差 (σ^2)

從回報（E(r)）及風險（以回報方差 σ^2 表示）作座標的圖，即（aii）、（bii）及（cii）觀察。大部分投資者會是風險厭惡的，故此MPT亦採用了（ai）及（aii）所描繪的現象。

從上面可見，MPT所採用的投資者選擇是衍生自期望效用函數理論，但這理論也是受到一定攻擊，較出名的觀點是阿萊悖論（Allais Paradox）及埃爾斯伯格悖論（Ellsbery Paradox）。前者可以用以下在1952年由100人測試實驗解釋：

實驗 **1**
賭局A：100%的機會會得到100萬元
賭局B：10%的機會會得到500萬元，89%的機會會得到100萬元，1%的機會什麼都得不到
結果，大部人會選A，非B

實驗 **2**
賭局C：11%的機會會得到100萬元，89%的機會什麼都得不到
賭局D：10%的機會會得到500萬元，90%的機會什麼都得不到
結果，大部人會選D，非C

兩個實驗的結果是相悖逆，阿萊的解釋是有確定效應（Certain Effect），即人在做出決定時會對結果確定的現象過度重視（即實驗1的賭局A）。

埃爾斯伯格悖論則指出人在只有X（賭局A）及Y（賭局B）出現時，會選擇X（賭局A），但當X（賭局A），Y（賭局B及C）及Z（賭局D）同時出現時會選擇Y（賭局D）。埃爾斯伯格認為人的選擇行為會受前景所影響。

正因為有上述不同理論出現，現時在MPT實際運用中，也有投資者利用展望理論（Prospect Theory）來取代以過去投資價格為基礎的期望回報。在下一章，我會對前景（展望）理論有進一步解釋。

第三章

投資者的選擇 (II)
尋找合適的投資組合

3.1 如何決定組合中各股份的比例？

　　我們在上一章從投資者對風險接受程度來找出投資者因應本身對風險的喜好、厭惡程度及承擔能力而應該投資的方向，大致來說，我們可以按風險厭惡度，選出不同的期望回報及風險（以回報方差作為參數）組合（即在無差異曲線（Indifference Curve）上的點）。在這章，我們會從另一角度來看投資者應該如何選擇合適的投資組合。

　　現假設市場只有兩隻股份，根據券商分析員報告，它們都值得投資，且值博率高，我們的投資分佈如下：

股份A	100%	95%	90%	…	10%	5%	0%
股份B	0%	5%	10%	…	90%	95%	100%

　　就上述各可能組合中，我們需要找出那個組合最為合適，在這裏，所謂合適具兩方面的意義：

- 找出能配合投資者要求的組合，即最合適的投資組合（Optimal Portfolio Efficient Portfolio，亦即最有效投資組合（Efficient Portfolio）。

- 在所有可供選擇的投資組合中找出風險最低的組合，即所謂最低之方差投資組合（Minimum Variance Portfolio），我們選取風險最低的組合因為投資組合的本質及目的就是降低風險。

　　找出上述組合的方法有好幾種，但在這裡，我會介紹一個僅需簡單數學的方法，其他及一個利用Excel試算表規劃求解增益集（Solver Add-in）功能的方法。而無論我們是要找出最合適（Optimal）、最有效（Efficient）或最低方差（Minimum Variance），最先的是要找出有效前沿（Efficient Frontier）。

3.2 利用有效前沿找出有效投資組合

有效集（Efficient Set），也稱為有效邊界或有效前沿（Efficient Frontier），由於是由Markowitz提出，故又稱為Markowitz Efficient Frontier 基本上，所謂有效，因為它滿足了兩個特定條件：

條件1 對於同樣的風險水平，投資者會選擇能提供最大預期收益率的投資組合；

條件2 對於同樣的預期回報水平，投資者會選擇風險最小的投資組合。

尋找有效前沿的步驟包括：

步驟1 在相關股份過去交易數據中，計算出平均數（Mean）、標準差（Standard Deviation）、方差（Variance），相關系數（Correlation Co-efficient）及共變異數（Covariance）。

步驟2 假設投資組合內各股份的分配。

步驟3 計算不同組合中的預期回報（Expected Return，E(r)）及回報的方差（σ^2）。

名詞注釋：

平均數（mean）計算一組數值的均衡點。

標準差（Standard Deviation，符號是 σ），計算一組數值的離散程度（Statisfical Dispersion）。亦即是數值與平均數（mean）差距。數字越大代表該組數值與平均數差距大，則難於預測期望值，風險也因此較大。

方差（Variance，符號為 S^2 或 σ^2），亦是計算一組數值的離散程度。同樣，數字越大，反映風險亦較大。

相關系數（Correlation co-efficent，符號 P），計算多組變數之間的相互關係及相關方向。數字越大代表各組數值關係越大。如果是大的正數，對分散風險幫助不大。

共變異數（Covariance，符號為 Cov），協方差，用作計算不同各組變數值的聯合變化程度，數值越大，關係越大。

補註：用於步驟三中計算回報及風險方程式

回報（E(r)）	風險（σ^2）
$r_p = r_A S_A + r_B S_B$	股份數目為2隻 $\sigma_p^2 = \sigma_A^2 S_A^2 + 2\rho_{AB}\sigma_A\sigma_B S_A S_B + \sigma_B^2 S_B^2$
此處： r_p＝投資組合回報 r_A＝股份A的回報 S_A＝投資組合內，股份A所佔份額（以%標示） r_B＝股份B的回報 S_B＝投資組合內股份B所佔份額（以%標示）	此處： σ_p^2＝投資組合方差 σ_A^2＝投資組合A方差 S_A^2＝投資組合內股份A所佔份額（以%標示） σ_B^2＝投資組合B方差 S_B^2＝投資組合內股份B所佔份額（以%標示） ρ_{AB}＝股份A及股份B回報的相關系數
假如投資組合內股份數目增加，組合總回報會以上述加權方式算入，如r_n S_n。	股份數目為3隻或以上： $\sigma_p^2 = \sigma_A^2 S_A^2 + \sigma_B^2 S_B^2 + \sigma_C^2 S_C^2 + 2\sigma_{AB}S_A S_B + 2\sigma_{AC}S_A S_C + 2\sigma_{BC}S_B S_C$ 此處： σ_C^2＝投資組合C方差 S_C^2＝投資組合內股份C所佔份額（以%標示） σ_{AB}＝股份A及股份B回報的共變異數 σ_{AC}＝股份A及股份B回報的共變異數 σ_{BC}＝股份A及股份B回報的共變異數

投資組合參數

投資組合的共變異數＝ Cov（A，B）＝ $\sigma_A^2 S_A + 2\rho_{AB}\sigma_A\sigma_B S_A S_B + \sigma_B^2 S_B$ 或
$$= \sigma_A^2 S_A^2 + 2 S_A S_B Cov_{AB} + \sigma_B^2 S_B^2$$

夏普比率（Sharpe Ratio）$= \dfrac{(r_p - r_f)}{\sigma_p}$

步驟二：假設投資組合內各股份的分配。
步驟三：計算不同組合中的預期回報及風險。

3.3　利用有效前沿找出有效投資組合 (例子)

　　利用上述步驟，我們以下面兩隻股份為例子作進一步解釋。假設現有股份A及股份B，它們的交易記錄是：

表3-1：（例子）模擬投資組合的主要參數

平均回報	股份A	股份B	投資組合
預期回報 (σ)	5.72%	7.92%	
方差 (σ^2)	4.18%	5.37%	
相關系數 (ρ_{AB})	0.001747	0.002884	
相關系數 (PA, B)			0.1832
共變異數 (Cov (A，B))			0.0004

表3-2：（例子）模擬投資組合中不同配置對風險與回報的關係

股份A所佔比例 (S_A)	股份B所佔比例 (S_B)	投資組合方差 (σ^2)	投資組合標準差（風險 σ）	期望回報（E (r)）
0%	100%	0.002884	5.3700%	7.9200%
5%	95%	0.002645	5.1439%	7.8100%
10%	90%	0.002427	4.9267%	7.7000%
15%	85%	0.002228	4.7198%	7.5900%
20%	80%	0.002047	4.5244%	7.4800%
25%	75%	0.001885	4.3422%	7.3700%
30%	70%	0.001743	4.1749%	7.2600%
35%	65%	0.001620	4.0243%	7.1500%
40%	60%	0.001515	3.8924%	7.0400%
45%	55%	0.001430	3.7811%	6.9300%
50%	50%	0.001363	3.6923%	6.8200%
55%	45%	0.001316	3.6277%	6.7100%
60%	40%	0.001288	3.5886%	6.6000%
65%	35%	0.001279	3.5757%	6.4900%
70%	30%	0.001288	3.5894%	6.3800%
75%	25%	0.001317	3.6294%	6.2700%
80%	20%	0.001365	3.6948%	6.1600%
85%	15%	0.001432	3.7843%	6.0500%
90%	10%	0.001518	3.8963%	5.9400%
95%	5%	0.001623	4.0288%	5.8300%
100%	0%	0.001747	4.1800%	5.7200%

根據上述資料，我們可繪圖如下：

圖3-1：（例子）模擬投資組合的回報及風險關係（即有效前沿（Efficient Frontier））

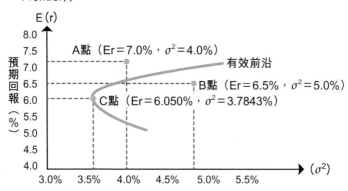

從上例數字所繪的圖表中，呈向上凸的曲線就是有效前沿，它的左面指示出不可行的投資組合。例如我們不可能找到回報超過7.0%回報，但風險卻低於4.0%的投資組合（即上圖A點），在曲線內的右面，就是可行集，即任何落在此區域的投資組合均是成立的，但這些組合均不能算作最有效，例如當回報是6.5%時，風險可以是5.0%（即上圖B點），但立並不代表是最有效的，它因為在有效前沿曲線上，6.05%的回報只有3.7843%（即上圖C點，也是85%股份A及15%股份B）的風險，換言之，在有效前沿的每一點均顯示出最在同一風險或回報下最有效的投資組合。

基本上，有效前沿曲線是一條向左方凸出的曲線，反映高風險，高回報的特點。

完成計算出有效前沿曲線後，投資者可以用下面的幾個方法訂立出投資組合內各股份的配置。

3.4 找出合適的投資組合

方法一：利用效用分數（Utility Score）

　　理論上，按期望回報或風險承擔能力來配置股份，即會找出最合適組合。例如，在表3-2不同股份配置中，當股份分佈為40%的股份A及60%的股份B時，投資者會獲得的回報是6.6000%，當然他也需要承受3.5886%的風險。可惜這個方法比較主觀，也並不精確。

　　在上一章的一例子中，投資者可按效用分數（Utility Score）及投資者厭惡指數（Investor Aversion Index）來計算投資者可接受的回報及風險。例如，當一位投資者希望他未來一年的回報是7.7%，而他的風險厭惡指數是2（即他不願意承受高風險，風險指數是1至5）。再假設市場效用分數在0.03或3%，即該投資者期望該投資組合會比無風險資產的回報高出3%。）

　　有關參數代入投資者厭惡指數公式，則

$$3\% = 7.7\% - 0.5 \times 2 \times \sigma^2$$
$$\sigma^2 = 7.7\% - 3\%$$
$$\sigma^2 = 4.7\%$$

　　但據表3-2的例子中，即使投資者願意承擔較大的風險，要滿足7.7%的回報要求，投資者必須承擔4.9267%的風險，比他原來理想效用（即7.7%回報，4.7%風險）有所差距。換言之，包括股份A及股份B所組成的投資組合（即10%股份A，90%股份B）都不能滿足他的要求（即所要求的組合相不在有效區內），除非該投資者願意將期望回報降至7.5900%左右（即4.7198%風險，其中包括15%的股份A及85%的股份B）。或減低效用分數的要求或增加厭惡指數。

在投資組合管理理論中，我們實際上是找出最優化投資組合及最低方差投資組合；前者是在有效前沿中找到能夠滿足投資者的組合（即48頁圖3.2的A點），後者是在所有有效組合中找出風險最少的組合（即48頁圖3.2的B點）。

方法二：找出風險最低的投資組合

既然設立投資組合的目的是減少或逃避風險，有人認為那麼在選擇組合時直接選擇最低風險的就可以了，這就是找出最低方差投資組合。

最低方差投資組合位於有效前沿的最左方，即

圖3-2：最低方差投資組合

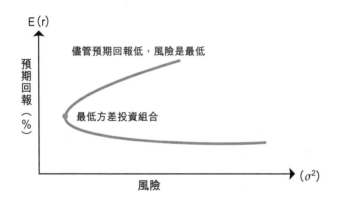

可能有讀者會質疑為何會有投資者只著眼於低風險股票。原因是在比較成熟的市場中，有不少退休基金，大學基金等投資者是依靠股息及紅利作運營基金，根本不會追求股價上升，而這類股份價格一直偏向低波動。

在我們計算有效前沿的例子中，最低標準差，是3.5757%，（相應回報是6.49%），當時組合配置是65%的股份A及35%的股份B。理論上，我們選這個便可以了。當然為求精確，我們也可利用Excel的規劃求解（Solver）增益集來解決。

步驟完成：

步驟1 找出每種資產的平均回報（Average）、標準差（Standard Deviation，σ）、方差（Variance，σ^2）、相關系數（Correlation Co-efficient，ρ_{AB}）及共變異數（Covariance，Cov AB），公式可見於本書第7頁

步驟2 假設原來投資組合中的分配。在此例子，我假設股份A及股份B的配置為50%及50%。然後根據下列公式計出投資組合的期望回報（Expected Portfolio Return）、投資組合的標準方差（Portfolio Standard Deviation）、投資組合的方差（Portfolio Variance）

其結果如表3-3

步驟3

1 從Excel菜單數據（Data）選項中選出規劃求解（Solver）（一般是在菜單中的最右面）

2 在設定目標儲存格（Set objective）加入夏普比率，因為夏普比率是最後的結果。

3 在變數儲存格（by changing variable cells）填入股份A及股份B的配置，假設是50%及50%

4 在限制式（Subject to the Constraints）欄中填入第一個限制，即股份A及股份B的總配置不能超過1。

5 在選項中選求解（Solve）

步驟4 **得出結果**

結果顯示投資組合中，股份A及股份B的配置分別為64.2%及45.8%，顯示出在上述條件下，須投資組合的最低風險的配置。

表3-3：（例子）原來的投資組合（未經優化Optimization）

1	A	B	C	D
		股份A	股份B	投資組合
2	預期回報E（r）	5.72%	7.92%	
3	標準差σ_A及σ_b	8.36%	10.74%	
4	方差σ_A^2	0.006989	0.011535	
5	相關系數ρ_{AB}			0.1832
6	共變異數Cov（A，B）			0.0016
7	無風險回報r_f			0.5%
8	投資組合配置			
9	股份A			50%
10	股份B			50%
11				100%
12	投資組合參數			
13	投資組合期望回報r_p			6.82%
14	投資組合方差σ_p^2			0.55%
15	投資組合標準差σ_p			0.0738
16	夏普比率			0.8558

先按B2⋯D7
內數字按
第49頁公式
輸入

圖3-3：微軟Office Excel（規則求解Solver）功能所要求的參數（求最低方差的投資組合）

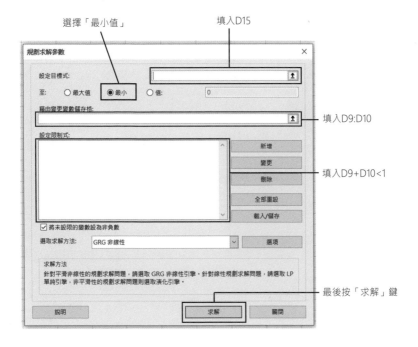

選擇「最小值」

填入D15

規劃求解參數

設定目標式：

至：　○最大值　●最小　○值：　0

藉由變更變數儲存格：

填入D9:D10

設定限制式：

新增
變更
刪除
全部重設
載入/儲存

填入D9+D10<1

☑將未設限的變數設為非負數

選取求解方法：　GRG 非線性　　選項

求解方法
針對平滑非線性的規劃求解問題，請選取 GRG 非線性引擎。針對線性規劃求解問題，請選取 LP 單純引擎，非平滑性的規劃求解問題則選取演化引擎。

說明　　求解　　關閉

最後按「求解」鍵

表3-4：經規劃求解（Solver）找出的最低方差投資組合
（Minimum Variance Portfolio）

1	A	B	C	D
		股份A	股份B	投資組合
2	預期回報E（r）	5.72%	7.92%	
3	標準差σ_A及σ_b	8.36%	10.74%	
4	方差σ_A^2	0.006989	0.011535	
5	相關系數ρ_{AB}			0.1832
6	共變異數Cov（A，B）			0.0016
7	無風險回報r_f			0.5%
8	投資組合配置			
9	股份A			64.2%
10	股份B			45.8%
11				100%
12	投資組合參數			
13	投資組合期望回報r_p			6.76%
14	投資組合方差σ_p^2			0.53%
15	投資組合標準差σ_p			0.0731
16	夏普比率			0.8566

在按下「求解」鍵後
會自動計出

　　即當股份A及股份B的配置分別為64.2%及45.8%時，這投資組合的風險將會最低（注意：但並不代表這組合是最合適投資者或者是最效的。）

方法三：找出增加額外風險承擔最少的回報點（夏普比率最大化）

從另一角度來看，所謂最有效的組合就是當組合回報高，但同時風險亦低。注意的是這裡所指的高與低，並不是「最高」及「最低」，因為互相抵銷（Trade-off）使兩者不能同時並存。最簡單的方法就是將回報除以風險，即

$$= \frac{投資組合回報}{投資組合風險}$$

$$= \frac{r_p}{\sigma_p}$$

簡單來説，就是代表投資者為增加每一個單位額外收益而需要額外承受的風險。

再者，由於投資回報同時包含了無風險回報（Risk-free Return）及風險回報（Risky Return），前者是指投資者可以透過買入一些無風險投資目標而取得的最少回報，故此，我們可以在上述公式中回報部份減去無風險回報，即

$$= \frac{（投資組合回報－無風險回報）}{投資組合風險}$$

以數學符號代表，則

$$= \frac{r_p - r_f}{\sigma_p}$$

這個量度方法在1994年被夏普教授（William Sharpe[1]）用作計算及比較基金經理人表現的指標（詳情在本書第八章《看基金經理人成績單（I）》中找到），故此，我們將上述分式稱為夏普比率（Sharpe Ratio）。

---

1 Sharpe, W. F., Mutual Fund Performance, Journal of Business 39 (S1): 119-138. 及Sharpe, William F.,The Sharpe Ratio, The Journal of Portfolio Management 21 (1): pp49-58. 1994.

在找尋最有效的投資組合時，我們的目的就是找出所有有效組合中最高的夏普比率。即是在增加一單位的額外收益時，需要額外承擔的風險增加幅度較該單位為少。

我們也可以使用線性方程式來計算，如前面談及，微軟Office Excel的規劃求解增益集（Solver Add-in）有預設了此功能。方法跟方法二相同，主要是在第二項選項中選「最大值」功能。

圖3-4：微軟Office Excel規劃求解（Solver）功能所要求的參數 （求最大的夏普比率）

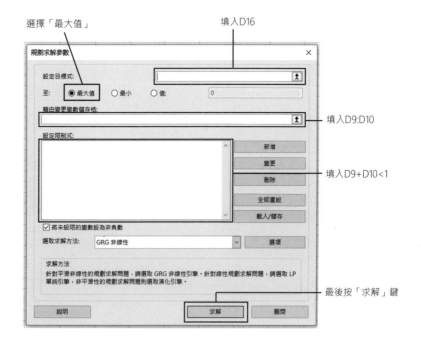

表3-5：經規劃求解（Solver）找出最大的夏普比率後的投資組合

1	A	B	C	D
		股份A	股份B	投資組合
2	預期回報E（r）	5.72%	7.92%	
3	標準差（σ_A及σ_b）^{2}	8.36%	10.74%	
4	方差（σ_A^2）^{2}	0.006989	0.011535	
5	相關系數（ρ_{AB}）^{2}			0.1832
6	共變異數Cov（A，B）			0.0016
7	無風險回報r_f			0.5%
8	投資組合配置			
9	股份A			52.6%
10	股份B			47.4%
11				100%
12	投資組合參數			
13	投資組合期望回報r_p			6.76%
14	投資組合方差σ_p^2			0.53%
15	投資組合標準差σ_p		各項參數	0.0731
16	夏普比率		也會改變	0.8566

在按下「求解」鍵後
會自動計出

　　在上述例子中，我假設了整個投資組合只有股份A及股份B，為使讀者能舉一反三，我在下面多舉一個例子，其中，可供配置的股份增至5隻。

上述方法二及方法三分別在有效前沿選出不同投資組合，但基於不同因素，投資者會對不同組合有所偏好。在理論上，我們也可以利用資本配置線（Capital Allocation Line，簡稱CAL）技巧來找最優化的投資組合。

資本配置線是指線上的每一點，每一點表示一個風險資產（risky assets）與無風險資產（risk-free assets）所組成的投資組合。公式如下：

$$CAL = r_f + \sigma_c \frac{(E(r_p) - r_f)}{\sigma_p}$$

此處：

CAL ＝資本分配線（Capital Allocation Line）

r_f ＝風險的投資組合回報

$E(r_c)$ ＝對投資組合c的期望回報

$E(r_p)$ ＝對投資組合的期望回報

σ_c ＝投資組合C的風險。

σ_p ＝投資組合內的風險。

以圖表表達，CAL是由左向右上升，反映風險（σ2）會隨着回報（E(r)）增加。

圖3-5：最優化投資組合及最低方差投資組合

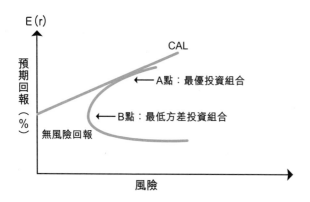

上圖中，如果有效前沿的其中一點與CAL形成切線（tangent）時，該投資組合便是最優化的投資組合，即是投資者在一個風險資產與無風險資產組合可接受的風險與回報時，該投資組合的回報比所承受的風險為優。

但由於計算有效前沿與CAL的切線較為複雜，在此不作詳細計算，而分享有關概念。

備註：展望理論（Prospect Theory）

本章所介紹的是如何利用過去的市場資料找出市場中可供選擇的投資組合，但如在上一章中的討論，資料是歷史資料，然而投資者是向前看的，那麼市場有沒有解決這個問題呢？本部份就是處理這方面的問題。

在前面三章我們利用Markowitz的現代投資組合理論（Modern Portfolio Theory，MPT）來建立投資組合，而其中用作回報參數是參考歷史數據來的，自1932年以來，利用歷史參數的計算方法並沒有太大改變。但後來越來越多使用者覺得歷史數據無法解釋或預測將來價格的走勢。在1979年經濟學者Denial Kahneman及Amos Tversky[1]共同發表了展望理論以批判長久以來用作訂定回報參數的預期效用理論（Expected Utility Theory，EUT），並因此在2002年獲得諾貝爾獎。兩位諾貝爾得獎人認為在作出決定時，需同時參考結果及預期的兩個因素而非單純看結果。

與CAPM理論相似，原來的預期效用理論假設了：

1. 投資者是理性的：即投資者看股份本身的基本因素作出投資決定；
2. 投資交易是隨機的：即投資交易是隨機的，但從宏觀角度理性的投資交易只會淹沒在較多的理性投資交易中；
3. 市場是有調節功能的：即套利等活動能夠將不理性的價格調整回來，並使之回復至理性價格。

展望理論卻認為上述三個假設都是有待商榷。

首先，他們認為投資者並不一定是理性的。投資決定是根據個人的行為面作出，也就是說投資者在作出投資決定時可以根據個人的賭性，對風險的判斷及框架（Framing，即受某固定想法而作出決定）等原因來作出。而事

1　Tversky, Amos and Daniel Kahneman, Advances in Prospect Theory: Cumulative Representation of Uncertainty, Journal of Risk and Uncertainty, （1992, 5）: pp297-323.

實上，投資者對期望的形式也非根據Bayes法則所作出。Bayes法則指出不同結果是由概率（Probabilities）及有條件概率（Conditional Probabilities）的組合而成。在某方面來看，展望理論指投資決定可以是非理性，而決定可以是因為種種偏見及經驗等原因所引起的認知錯誤（Cognitive Bias）

再者，展望理論亦批判預期效用理論的隨機假設。Kahneman及Tversky認為投資交易並非是隨機的，而是偏向某方面延伸。譬如，將不理性交易可以是社會其他因素或由謠言造成。儘管如此，他們卻認為透過從錯誤中的學習，投資者會轉向理性。但Mullainathan及Thaler[2]（2000）則反對這種主張，認為轉向理性的機會不一定很大。

最後，他們也認為套利等活動未必能使價格回歸理性，因為套利等活動只能在特定的條件下才會發揮作用，例如套利活動數目必須是大於市場中所有的理性交易活動。

展望理論的數學公式是：

$$u = w(P_1)v(X_1) + w(P_2)v(X_2) + \cdots\cdots$$

$$u = \sum_{i=1}^{\mathcal{N}} w(P_i)v(\triangle x_i)$$

此處：

u ＝期望價值/效用

x_i ' x_2 ＝可能結果

P_i ＝結果發生的或然率

w ＝可能性比重函數（Probability Weighing Function）

v ＝價值函數（Value Function）

2　Mullainathan, Sendhil amd Richard H.Thaler, Behavioral Economics, Working paper series, National Bureau of Economic Research, Cambridge, Mass.2000.

展望理論數學模型中，價值函數（v）就是整個理論的精萃所在，它表示各個可能結果在投資者心中相對的價值，而相對價值則以一個參考點（Reference Point）所訂定，如圖：

圖3-6：價值函數

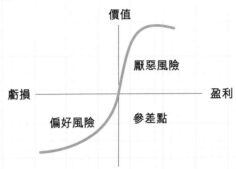

數學公式是

$$v(x) = \begin{cases} f(x) & \text{if } x>0 \\ 0 & \text{if } x=0 \\ \lambda^* g(x) & \text{if } x<0 \end{cases}$$

此處：

$$f(x) = \begin{cases} x^{\alpha} & \text{if } \alpha>0 \\ in(x) & \text{if } \alpha=0 \\ 1-(1+x)^{\alpha} & \text{if } \alpha<0 \end{cases}$$

$$g(x) = \begin{cases} -(-x)^{\beta} & \text{if } \beta>0 \\ -in(-x) & \text{if } \beta=0 \\ (1-x)^{\beta}-1 & \text{if } \beta<0 \end{cases}$$

v（Δx）=結果的價值（value of outcome）

x 　=賺利（即 x >＝0）or 虧損（即 x ＜0）

α 　=投資者對賺利的風險厭惡度（risk aversion over gain）
　　　（即 0＜α＜1，如α＝1，則投資對風險厭惡保持中位
　　　（Risk Neutrality）

β 　=投資者對虧損的厭惡度（loss aversion over losses），在
　　此，β被定義為大於1。

　　上圖中的參考點一般是以0為基準，亦可以是原來投資價值及原來財富數字乘以無風險報酬率。無論如何定義，它表達投資者對賺利或虧損的價值，即是投資者對賺或虧的視角是視乎原始的投資額。另一方面，特別要注意的是上圖中的S型並不是上下相稱的。在參考點以上，上升斜度是較少的，反之，在參考點以下，下跌斜度是較大的，反映虧損對投資者的價值比重是較賺利所帶來的價值為大，即是所謂虧損厭惡性（loss aversion）。

　　在展望理論中另一個參數是可能性比重函數（Probability Weighting Function w），它的特性是：

表3-6：可能性比重函數

預期發生機會	反應
小	反應過敏 （over -reaction）
中、大	反應不足 （under -reaction）

　　近年流行的黑天鵝（Black Swan）理論就是對反應過敏的闡釋，換言之，高可能性比重函數比真實概率為大，而低可能性比重函數比真實概為小，它的數學模型是

賺利比重（weighting function for gains）

$$w+(p)=\frac{p^r}{(p^r+(1-p)^r)^{\frac{1}{r}}}$$

虧損比重（weighting function for losses）

$$w-(p)=\frac{p^\sigma}{(p^\sigma+(1-p)^\sigma)^{\frac{1}{\sigma}}}$$

此處：

   $w(p)$ ＝可能性比重函數

   p ＝客觀的概率（Objective Probability）

   r ＝導致對賺利反應過敏或不足的參數（probability weighting parameter for gains）此處被定義為 $0<=1$

   σ ＝導致對虧損反應過敏或不足的參數（probability weighting parameter for losses）

圖3-7：可能性比重

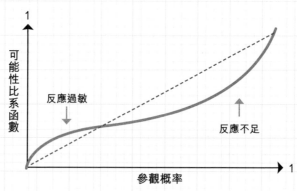

Kahneman及Tversky估計一般為

- 投資者對賺利的風險厭惡度（risk aversion over gain or power for gains）＝0.88.
- 投資者對虧損的厭惡度（loss aversion over losses or power for losses）＝0.88

- 虧損厭惡性（loss aversion）＝2.25
- 導致對賺利反應過敏或不足的參數（probability weighting parameter for gains）＝0.61
- 導致對虧損反應過敏或不足的參數（probability weighting parameter for losses）＝0.69

舉例，上述Kahneman及Tversky的參數代入下列例子：

表3-7：（例子）計算展望理論的原始假設

價值	賺利/虧損	可能性 r(s)
可能性 1	12.5000	0.1800
可能性 2	14.0000	0.6000
可能性 3	-12.3000	0.2200
預期價值EV	7.9440	0.4408

表3-8：（例子）計算展望理論的結果

展望理論 v(x)	賺利/虧損	可能性比重函數 w(r)
可能性 1	9.2317	0.2478
可能性 2	10.1998	0.4739
可能性 3	-18.2031	0.2720
預期價值EV	2.1699	0.3599

展望理論中可能性 1 是 12.5000^0.88 因為 12.5000 > 0

展望理論中可能性 3 是2*[–(12.3000)^0.88] 因為–12.3000 < 0

展望理論中可能性 1 的可能性比重函數是

(0.1800^0.61)/{[0.1800^0.61+(1–0.1800)^0.61]^(1/0.61)}

展望理論中可能性 3 的可能性比重函數是

(0.2200^0.69)/{[0.2200^0.69+(1–0.2200)^0.69]^(1/0.69)}

在上面例子中，根據展望理論所用的預期回報是2.1699%，較用預期效用理論（Expected Utility Theory，EUT）的歷史數據（即7.9440%）更具前瞻性，因為投資者可以按市場實際情況或變化與自身研究結果，而為期望回報加入不同的機會率。

實質上，展望理論已引起更多投資者對行為財務學有更廣泛的討論，本人在2011年出版的《正視股票投資》一書中，在《第三章：影響投資的重要心理》曾列出及簡單介紹了15種投資者有較大影響的心理現象，它們是

影響投資的主要心理

1 奇想理論 Magical Thinking

2 確定效應論 Certainty Effect

3 預期理論 Prospect Effect

4 說服理論 Persuasion

5 自我說服理論 Self-Persuasion

6 知識態度理論 Knowledge Attitude

7 代表性效應理論 Representativeness Effect

8 錯誤共識理論 False Consensus Effect

9 自我防衛理論 Ego-defensive Attitude

10 後悔理論及認知失調
Regret Theory and Cognitive Dissonance

11 框架理論 Anchoring/Framing

12 沉澱成本理論 Sunk Cost Fallacy

13 分離理論 Disjunction

14 同化錯誤理論 / 選擇性接觸理論 / 選擇性認知理論
Assimilation Error/Selective Exposure/Selective Perceptive

15 後見之明理論 Hindsight Bias

在此我不再介紹，有興趣讀書者可自行參考。近年較新的有關這方面研究的有Lopes（1987）及Shefrin與Statman（2000），前者提出SP/A理論，後者則結果SP/A理論及展望理論發展出行為組合理論（Behavioral Portfolio Theory）。在這方面有興趣的讀者，不妨作進一步研究，因為行為財務正是現代財務學的大方向。

第四章

投資組合的構建 (I)
長倉 (Long-only) 及短倉 (Short-only)

過去在構建投資組合時，投資者只會選擇買入或不買入股份及買入數量，我們稱這種持有股份（buy-and-hold或是long-only）的投資組合為長倉。但近年監管機構對沽空的規定越來越放鬆，故投資者除了可以選擇買抑或不買之外，亦可以選擇沽空某些股票。

沽空（Short-only）就是在市場中向經紀或其他機構借入某數額的股份，然後同時在市場出售同一數量的股份。當後來該已沽空的股票價格下跌，投資者可以以較低價錢買回股份並且歸還已借入的股份。

相對之下，長倉投資組合只能在升市時賺利，跌市時只能採取沽清手上投資的避險方法。在這一章，我們會介紹一些市場較常見的長短組合方法，然後再看沽空的投資方法會如何影響上一章我們所探討的有效前沿，一般來說，投資方略包括：

圖4-1：主要投資方略

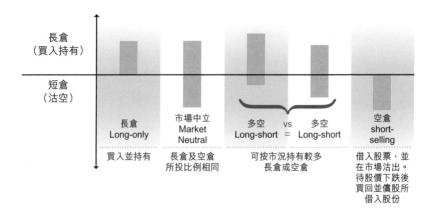

4.1.1 長倉（Long-only）

顧名思義，建立長倉就是用可投資金額買入股票，這裡所指的可投資的金額是指本身持有資金外，更包括利用手頭上股票作抵押而獲取的資金。

收入方面，長倉的盈利是：

長倉盈利＝(沽出股票時的總數額＋期內所收取的股息收入)－買入股票時的總支出－利息支出－期內持股成本－買賣成本

圖4-2：（例子）長倉回報

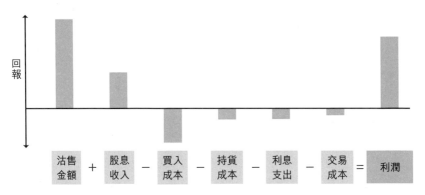

在執行長倉策略時，投資者主要是利用增加或減少持貨數量來對抗大市的上落，例如市道見漲，投資者可以將所有現金買入股票，甚至可以透過利用手頭上的股份作抵押以獲得額外資金。反之，在市況見退時，可以將手頭所持有的股票沽出並將現金作收存款利息之用，但由於存款利率一向偏低，基金經理人一般只會作臨時措施，除非市道持續低迷或下跌，不會長期持有現金，而部份基金更訂明基金經理人現金持有數量20%是一個常見的水平，主要是由於基金涉及管理費用（一般為投資金額的1%-2%），故此持續持有高比例的現金會導致投資者贖回資金。

持有長倉，又稱為買與持有策略（Buy and Hold），或許有投資者覺得這是被動的策略，股價是日夜波動，持有策略可能會為投資者帶來機會成本（Opportunity Cost）的損失。但從另一個角度來看，持倉策略卻可為投資者節省不少成本，下表是在香港買賣股票的成本：

表4-1：香港股票買賣成本

佣金：	一般為0.25%，但最終是商業決定。
投資者賠償徵費：	每宗交易金額的0.002%（計至最接近的千位數）。
交易費：	每宗交易金額0.005%（計至最接近的千位數）。
交易系統使用費：	每宗交易港幣0.50元，最終是否收取是商業決定。
股票印花稅：	每宗交易金額0.1%（不是一元亦作一元計）。
轉手紙印花稅：	賣方負責轉手紙印花稅港幣5元。
過戶費：	用買方支付每張港幣2.5元。

即使不將轉手紙及過戶費用加入，買賣成本在0.357%，即是說平均3宗的交易即會帶走1%以上的潛在回報。現在不少證券經紀為吸引客戶反而推出定額佣金，即無論成交金額大小，佣金是固定的，但事實上實際佣金比率需視乎交易金額而定。舉例：固定佣金是$30，則成交金額必須是$12,000元以上才算有利。也因為如此，有些基金會明訂基金經理人不能過份買賣投資組合內的股份，全年基金的總交易量訂於總投資金額的2至2.5倍是一個常見的比例。

成本方面，一個較常見的支出是利息支出。在大市市況向好的時候，投資經理可能為了獲取更大的回報，會將部份手頭上的股份作抵押以借入更多資金。這類以股票為抵押的借款一般會以短期折息來訂價，故此，利率波動是司空見慣的。特別令人困擾的是在短息趨升時，股市一般會下跌，想利用拋出股票套現的投資者便不敢貿然買入股票，以免招至更大損失。在眾多的長倉基金合約亦一般規定借款比率，超過100%借款額的規定基本上是絕無僅有的。

4.1.2　空倉（Short-only）

　　當然，在借取股票期間，投資者是需要付出利息，故此，沽空的利潤為：

沽空利潤＝(沽空時股價－購回時股價)－借入股份的期內利息－其他買賣成本

　　在香港，在沒有借入股票就進行沽售是非法行為，而在香港進行沽空時，投資者需要向交易所申報這是沽空行為。沽空時，我們可稱這類投資組合為空倉或短倉。

4.1.3　多空倉（Long-Short）

　　簡單來説，長倉是藉着買入及持有股份獲利，在大市持續向下的情況下，投資者並不能獲得良好的收益，甚至會因股價下跌而遭受損失。另一方面，空倉雖然能夠在跌市中帶來利潤，但在升市中卻是不能賺錢之餘，亦可能因為要在主場內高價購回股份，以償還已借入並沽出的股票而招至更大的損失。故此，市場有所謂「多空倉」策略，即同時持有及沽空股份。因此，不管市場在升或跌時，基金都可以獲利，採用此策略的基金，我們稱為對沖基金（Hedge Fund），並且會在第五章有較詳細説明。

4.2　長倉的組成部份

長倉投資組合的構建主要由兩部份組成：

1 長倉形成部份之一：股份及或證券

持長倉的投資者可以按不同的投資哲學而買入高增長股（Growth Stocks）、高防守性股份（Defensive Stocks）、收息股（High Yield Stocks）、細價股（Penny Stocks）及藍籌股（Blue Chips）等，亦可按行業（如地產、航運）或地區（如亞洲、歐洲）。

至於如何選擇股票，正是各施各法。本書所介紹的投資組合構建方法是以Markowitz的理論為基礎，而它其中一個主要假設是股份波動就能夠反映各隻股票的風險，即所謂有效市場假説（Efficient Market Hypothesis）。依此，我們所需要的是股票價格過去表現的記錄。正如之前所討論，只單純依表翻看過去業績記錄的方法正是被一般學者所批判，因而導致產生類似展望理論（Prospect Theory）等理論參考。其他市場較常採用的選股方法，還有從上而下的（Top-Down Approach）、從下面上的（Bottom-up Approach）的策略，它們都是看上市公司本身的基本面，當然亦有只看走勢的技術分析方法（Technical Analysis），甚至是打電話去電視台或廣播電台問股評人及擲飛鏢（Dartboard Picks）[1]。

1　美國華爾街日報（Wall Street Journal）從1988年10月起出一隻Dartboard Stock供讀者參加每月在一個名為Investment Dartboard專欄中，訪問四位分析師，而每位分析師會選擇一隻股票，則叫Pros' Picks，然後以擲飛鏢方法隨意選出一隻Dartboard Stock供讀。結果頗具趣味，有興趣的讀者可以在網上找到不同時期的結果。

圖4-3：選股方法

由上而下的	步驟	概略	有關章節
投資方法 Top Down Approach	經濟分析	判定當期經濟情況，假如經濟環境理想，投資者可採取較進取的投資；反之，應採保守的策略。	第一章 主要經濟指標
	行業分析	選定處於發展及增長期行業的企業；避免位處成熟期或衰退期行業的企業。	第二章 行業分析
	投資者心理	了解市場參與者的心理。	第三章 影響投資者的主要心理
	投資方略	訂定適合的投資方略。	第四章 主要投資方略
	入市時機	判定何時買賣股票。	第五章 股票型態分析
	證券價值評估	評估目標股票的實際或相對價值。	第十章 證券價值評估
	會計比率分析	從另一角度進一步了解一家企業的財務情況。	第九章 會計比率分析
	財務分析	了解上市企業的財政實力。	第八章 上市企業的財務分析
從下而上的 投資方法 Bottom Up Approach	企業問題的偵察與預警	從不同角度研究企業有否潛藏危機。	第七章 企業問題預警指標
	篩選股份	用不同的準則篩選一籃子股票作進一步分析。	第六章 選股指南

　　上圖是來自我在《正視股票投資》一書的股票投資路線圖，這是建基於Benjamin Graham於1949年出版的The Intelligent Investor書的分析方法。我沒有意圖將所介紹的方法稱為唯一王道，但它們卻是股票投資的主流，我們每天會在不同媒體平台看都到不同股票專家暢談他們如何利用自己獨門秘技來獲利。在此我並不打算對他們的技術作進一步分析，但願意在此分享一點看法供讀者在選購股票時作參考：

1a. 不買成交量少的股份——

這是我多年堅持的最大的準則，無論一隻股票的本身基本因素如何好或多少專家極力推薦，我們都應讀先要看該隻股份最近的成交量。原因有兩個：在行內，我們將一些只有少量成交股份，但股價會突然抽升或下跌的情況，稱為「乾升」及「乾跌」。這可能反映部份投資者不惜代價追求短期內買入股票或沽出股份。顯而易見，這不會是具邏輯的或理性的做法；即使該等投資者會基於某些特別原因而急於完成買入或沽出股份，在買賣完成後，我們可以預期股價會在急升或急跌後重回原來的水平。當然，我們也不會排除有莊家是在請者君入甕，希望能夠在高位派發或散貨。各國的監管機構對於這類行為都會定性為違規活動，具體違規行為包括：

- 虛假交易False Trading — 香港法例571章274節
- 操控價格Price Rigging — 香港法例571章275節
- 操縱市場Stock Market Manipulation — 香港法例571章276節
- 披露虛假或具誤導性的資料以誘使進行交易 — 香港法例571章277及298節
- 詳情請見本章附錄

在成交量不大的時間下，市況變動會較平時波動為大，更市場可能會因在短時間內出現大量沽盤，而導致急股價急速下跌，並迫使投資者因不想有即時的損失而繼續持有股份，合所持股份變成「蟹貨」（即套牢，指被迫困縛至不能沽出）或要大幅割價求售。

一般來說，股票成交量低迷亦有兩個可能性，一方面可能是大股東及/或部份策略性股東，因看好公司前景而拒絕賣出手頭上的股份，而導致公司公開流通量（Public Free Float）低，間接使股價更加波動。另一方面則可能代表股份發行人本身基本因素不夠吸引，或公司管理層已經無心戀戰（當然，亦有投資者認為這是大好機會，因為大股東隨時可能將上市地位賣出，但我覺得這是投機行為，不是投資行為）。

1b. 投資時不要人云亦云——

近年由於媒體資訊平台的快速發展及競爭出現了，不少選股擂台、股壇明燈，加上大大小小的專欄及訪問，每天我們可以取得不下十數隻股票的推介，加上券商分析員的推介，實在使人眼花瞭亂、目不暇給的感覺，但問題是他們的推介是否適合呢？部份傳媒為了給讀者評選哪位的推介能為讀者帶來最多收益，故此出現所謂「每月一星」、「本週選股天王、天后」等成績單；而部份股評人為獲取好成績，往往只集中於股份短期表現，而推介只涵蓋短短的一個月甚或只有一星期，這也正是問題產生的原因。在某一個層面上，追逐股價短期波動，就好像在賭桌上，我們見到一位客人已連續贏了10局，而我們則緊緊追隨，更甚者是當很多投資者在收到推介後一窩蜂的搶購，導致股價突然抽高，而成交量亦大幅增加。正當大家興高彩烈地慶祝紙上利潤時，部份投資者可能以先行獲利回吐（Profit Taking）；當我們沽出獲利時，因成交縮減，股價可能已見回落，牢牢的套牢投資者的資產。當然，如果中間涉及老鼠倉（Rat-trading）或扒頭交易（Front Running）等不當交易手法，則投資者的損失可能更大。所謂老鼠倉，就是指交易員或經紀人或基金經理在證券成交後，但在未分配與投資者或所管理基金前，將已購證券另行放置，等待證券價格上升後再行分配以獲得額外收入。扒頭交易是指交易員或經紀人或基金經理在獲得買入指令後先行買入股份，待股價上升後再出售與客戶圖利。

雖然，定義投資期是沒有可能的，因為一家退休金公司的基金經理與對沖基金公司基金經理的投資期已是天壤之別，可見個別投資者有不同的風險承受能力，其財富規模等亦不盡相同因素，但少至一、兩個月或甚至少於一星期的投資時段已實在難算是投資技巧的考量，而是命運的博奕。

1c. 必須清楚投資內容——

「先求知，後投資」，看起來是老生常談及不切實際的宣傳句語。所謂不管黑貓白貓，只要捉到老鼠的就是好貓，有人認為只有買到賺錢的股票，那怕我們只知股票賺錢而股票發行人的實質業務是可以不理的。但個人認為認識公司本身實質是重要的，特別是那些受行業景氣影響深的公司。最簡單的

例子是從事散裝貨船的企業；我們都知道散裝航運業務是受經濟大環境，行業景氣及短期需求所影響，散裝船務公司所收取的運費大部份都是隨着波羅的海指數（Baltic Index）而變動。即使公司股價當然節節上升，但當波羅的海指數下跌時這類船公司的股票也會應勢下墜。故此，如果我們所買的股票正是由散裝船務公司發行，又沒有留意船運費用的走勢，被牢牢套着的機會也不會低。

② 長倉形成部份之二：現金——

持長倉者中，其中的一個主要組成部份是現金。現金可以指原來投進的資金及利用組合中所持有的證券作抵押品而借來的資金。理論上，在市道向好的時候，投資者可以增持股份數目，並減低現金數量，甚至增加借貸；但當市道轉差時，投資者可以增加現金比例並盡量沽出手頭上的股份，以減少損失。要特別注意的是，持有現金的回報是低的，因為金融機構的存款利息，必定低於借貸利率，反之相對的，借故現金的成本是變化不定並且是偏高的（特別是市道波動時），故此，在實際運作上，基金經理都會減短持有現金的時間，恐防利息差距會帶來損失或導致基金單位持人提早贖回基金單位。

但部份精明的基金投資者會發現，多數長倉基金是容許基金經理借取現金，一般是10%左右，較對沖基金的可容許借款額量為少。可能讀者會懷疑這樣低的槓桿是否有用，其實這可容許借款額的目的與對沖基金不同，長倉基金所擔心的，如果投資組合因外在原因而有大幅的波動，使基金單位大跌，這可能會造成贖回浪潮，故此容許基金經理作短期供貨。而對沖基金則不同，承受貸款風險的目的並不是保障基金，而是廣大收益。

然而，長倉基金經理盡量少持有現金，並非金科玉律，事情總有意外的情況，理論上，利率會隨着時期增長而增加，例如5年期債項的利率會比1年期債項為高，因為其中包含了通貨膨脹及風險溢價的因素。利用這個觀念，我們可以製成一條由左向右上升的孳息曲線（Yield Curve，又譯作殖利率）（即圖一所顯示）。但孳息曲線並非一成不變，透過不同經濟因素，曲線的變動是可以變化的。

圖4-4：孳息曲線（yield curve）的變化

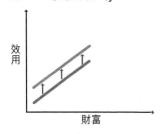

圖一：正常情況

　　隨着市場頭寸供需改變而導致曲線的平行移動（swift），短、中及長期孳息率以同一比例增減

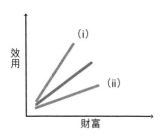

圖二：扭曲（Twist）

　　因應政府金融或財務政策使曲線變得更（i）斗斜（即市場期望日後通貨膨脹會加據）或（ii）平坦（即市場期望日後通貨膨脹會較溫和）

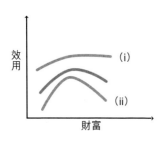

圖三：蝴蝶式移動（Bufferfly swift）

　　短或長期孳息率的變動較中期孳息率的變動為大；（i）在正蝴蝶式移動（positive bufferfly shift）時，投資者會減少中、長期債並著重短債；（ii）在負蝴蝶式移動（negative bufferfly shift）時，投資者會增加長債，減少中期債

美國聯邦儲蓄局於2011年9月所推出的扭曲操作（Operation Twist），就是於2012年6月前賣出4,000億美元年期3年以下的國庫債券，並買入年期6年至30年的國庫債券，導致孳息曲線降至較平坦的水平（即圖二中孳息曲線變得平坦），換言之，投資者可以利用長債來投資給短期項目，政策的目的是推動短期經濟活力。在此情況下，持有大量現金會帶來機會成本的損失。

　　或許有投資者認為孳息曲線由扁平擴展為由左向右下傾斜水平更理想，因為投資者可以大量借入長債然後進行短期投資而獲利（即類似圖三中的在負蝴蝶式移動）。事實上，在2006年至2008年間，這種反轉孳息曲線（Inverted Yield Curve）的情況曾有出現，並且導致大量企業瘋狂借入長期貸款，並作短期投資，結果間接導致2008年全球金融危機，故此有經濟人認為反轉孳息曲線是經濟發展的領先指數。故在長倉內，現金的配置需視乎市道（牛市：減少現金持量，甚至借款；熊市：增加現金持量）及經濟情況（正常孳息曲線，看市況變動；平坦孳息曲線；減少現金持量；反轉孳息曲線：提防經濟過勢及標準方案。）。在運用Markowitz的MPT方面構建投資組合，期望回報可用中長線（如6年，實際可視乎投資期限）國庫券息率作參數。

4.3 利用Beta配合牛、熊市

　　在長倉策略中，除了可以利用現金的持有量作調整外，我們亦可以利用Beta作調節工具，Beta的概念及計算方法可以在不同的參考書找到，在此不再重複，只以下列各圖作簡單重溫。

　　啤打系數或貝塔系數（β系數）是透過度量一隻證券或一個投資證券組合相對整體市場的波動幅度以衡量一項資產系統性風險的指標。一般是以過去12個月或24個月之基金月報酬率計算基準。

公式為：$\beta_a = Cov(r_a, r_m)/\sigma_m{}^2$
其中
$Cov(r_a, r_m)$是證券a的收益與市場收益的協方差（convariance）；
$\sigma_m{}^2$是市場收益的方差（variance）。

由於：
$Cov(r_a, r_m) = \rho_{am}\,\sigma_a\,\sigma_m$
所以公式也可以寫成：

$\beta_a = \rho_{am}{}^*\sigma_a/\sigma_m$
其中
ρ_{am}是證券a與市場的相關系數（correlation coefficient）；
σ_a是證券a的標準差（standard deviation）；
σ_m是整體市場的標準差。

β_a的判定方法：（β絕對值）
- $|\beta| = 1$：β絕對值等於1，即證券的價格與整體市場波動一致。
- $|\beta| > 1$：β絕對值高於1，即證券價格比整體市場的波動更大。
- $|\beta| < 1$：β絕對值低於1，即證券價格的波動比整體市場的波動為低。

另一個解讀方式是：

- $\beta = 0$ 表示沒有風險（波幅），
- $\beta = 0.5$ 表示其風險（波幅）僅為市場的一半，
- $\beta = 1$ 表示風險（波幅）與市場風險相同
- $\beta = 2$ 表示其風險（波幅）是市場的2倍。

有關Beta的銓釋，我們可以制表如下：

表4-2：Beta的詮釋及應用

投資組合中的Beta值	銓釋	應用
$\beta > 1$	投資組合與大市基本上走往同一方面，但波幅會較大。	在確認升市時，可以建構高Beta投資組合以獲取較大市為高的回報。
$\beta = 1$	投資組合與大市基本上走往同一方向，而波幅亦相若。	在升市但未能完全確認前，可換選。這類投資組合，作用如交易所買賣基金（亦稱交易的交易基金或指數股票型基金，Exchanged-traded，簡稱ETF）。
$0 < \beta < 1$	投資組合與大市基本走入同一方面，但波幅較少。	在大市升幅已升至一高水平下行增加風險正在增加中。
$\beta = 0$	投資組合與大市走勢基本上沒有直接關係。	不理會大市走勢，在升市或跌市時皆可採用。
$\beta < 0$	投資組合與大市走勢基本上是反方向的。	在跌市中可以採用。

圖4-5：Beta的變化

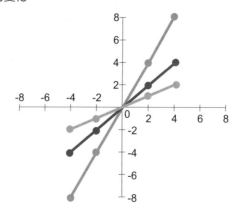

圖4-6：高Beta及低Beta股票價格走勢

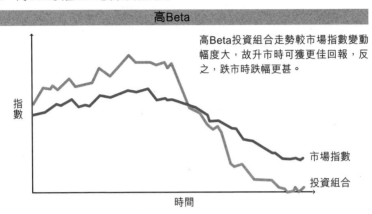

高Beta

高Beta投資組合走勢較市場指數變動幅度大，故升市時可獲更佳回報，反之，跌市時跌幅更甚。

指數

時間

市場指數
投資組合

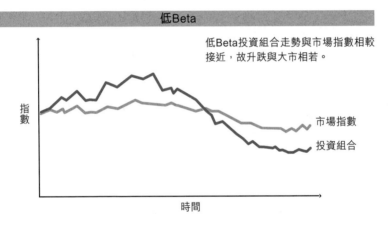

低Beta

低Beta投資組合走勢與市場指數相較接近，故升跌與大市相若。

指數

時間

市場指數
投資組合

　　在實踐上，在升市時，投資者可以增加Beta系數較高的股份，反之，在跌市時，投資者可以購買低Beta系數的股票。

4.4 持長倉的風險

　　長倉策略是基金經理，特別是價值投資者（Value Investors），所樂意採用的策略。因為基金經理在牛市中可以專注於發掘有上升潛質的股票，在熊市則需要找出抗跌能力高的股票，而無須進行其他套戥套利活動。對投資者來說，長倉基金的理念簡單易明，再者，一般長倉基金的管理費會較對沖基金為低，故此，長倉基金依然是市場的主流基金形式。然而，以長倉作為投資手段也存在不少風險，其中包括：

1 僅能藉着增加持有現金的比例及配置低Beta股票為對抗跌市的主要工具，其他手法欠奉。

2 由於持有現金難以產生可觀的回報；故此一般基金都會在成立章程中限制基金經理積存大比例現金，而即使成立章程沒有明文要求現金的水平，但如果現金水平長時間高企，基金單位持有人大概也會提早贖回。在這兩種壓力下，即使在跌市，有些基金經理會被迫繼續持有股份，而不會進行「止蝕」（Loss Cutting）。即使基金經理持投資組合內的股份由高Beta股轉換成低Beta股亦有一定困難；因為當大部份主流長倉基金都在跌市時轉購低Beta股，在供需求在短時間失衡情況下，低Beta股份的價格會相應攀升，以至部份長倉基金經理只能望洋興嘆或被迫買入貴價股份。

3 長倉投資組合對減低系統性風險（Systematic Risk，Market Risk 或Aggregate Risk）無甚大作用；對非系統性風險（Unsystematic Risk或Idiosyncrative Risk或Specific Risk或Resigned Risk）的減低只會產生有限的效果。毋庸置疑，市場上沒有一種投資工具能夠有

效地減去系統性風險，特別是那種黑天鵝式[2]的風險。理論上，投資者可以藉着購買多隻股票來，減低非系統性風險。但由於股票的本質上的特性，大多股價的走勢會大致相同，例如在利息增升的環境下，幾乎所有上市公司都會或多或少受到利息支出增加的影響。要更有效降低非系統性風險，那必須加入其他相關性較低的投資產品，如黃金、外匯、房地產等。

④ 在牛市時，為了爭取更大的回報，基金經理人或投資者都會利用槓杆（即以手頭上的股份作抵押）以增加投資，這類貸款多屬於短期，而且差不多所有都是利用浮動息口作利率基準。但市場息口，特別是隔夜利率（Overnight Rate，即極短期息口）是波動的，並且是不容易預測及對沖，故此在利率趨升、借貸成本上漲的情況下，投資者可能需要割價求售，而造成骨牌效應。

⑤ 長倉基金在分散投資的過程中，難免需要購買一些高股息及相對保守的股份，但這類股份通常在市場上成交量不及高增長股，當在市況波動時求售股份可能需要一定的折讓。

⑥ 在構建長倉時，基金經理或投資者往往會在買入股份前進行深入調研，甚至盡職審查。在過程中，買入機會當然存在，但當中亦可能會發現一些有問題的公司，而它們又可以是沽空的理想對象。但在規定之下，基金經理或投資者不可能進行沽空，白白流失賺利的機會。

---

2   Table, Nassim Nicholas, The Black Swan The Impact of the Highly Improbable, Random House, New York, 2007

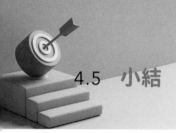

4.5 小結

　　長倉投資組合是傳統及主流的基金形式。它的好處是能夠將相對高質及/或接近主題的股份放進一籃子，不單給投資者帶來正面的回報，亦能藉着投資於多隻股票而減低非系統性風險。在某層面上，基金經理或投資者可以透過借貸，調節現金持控水平及改變組合的Beta來應付市況的改變。同時，由於長倉策略牽涉的買賣次數較少，故此一般費用及管理費用會較其他策略為低。

　　另一方面，長倉策略最為人所詬病是它在跌市中顯得無能為力；即使可以利用增持現金持量或Beta調節，但其有效性常常被人質疑。再者，為免面對更大風險，一般長倉基金都附有不少限制，如現金不能超過某水平，而借貸的水平亦有嚴格的規定。然而對於上述限制的設定，不同的投資者有着不同的詮釋；有些人覺得限制是賺利的障礙，但亦有人認為它們是控制風險的有效工具。

備註：市場的主要違規行為

虛假交易False Trading — 香港法例571章274節

　　如任何人意圖使某事情具有或相當可能具有造成以下表象的效果，或罔顧某事情是否具有或相當可能具有造成以下表象的效果，而在香港或其他地方作出或致使作出該事情，則虛假交易即告發生—

A 在有關認可市場或透過使用認可自動化交易服務交易的證券或期貨合約交投活躍的虛假或具誤導性的表象；或

B 在有關認可市場或透過使用認可自動化交易服務交易的證券或期貨合約在行情或買賣價格方面的虛假或具誤導性的表象。

操控價格Price Rigging — 香港法例571章275節

　　如任何人—

A 在香港或其他地方直接或間接訂立或履行任何當中不涉及實益擁有權轉變的證券買賣交易，而該宗交易具有以下效果：維持、提高、降低或穩定在有關認可市場或透過使用認可自動化交易服務交易的證券的價格，或引致該等證券的價格波動；或

B 意圖使任何虛構或非真實的交易或手段具有以下效果，或罔顧該宗交易或該手段是否具有以下效果，而在香港或其他地方直接或間接訂立或履行該宗交易或採取該手段：維持、提高、降低或穩定在有關認可市場或透過使用認可自動化交易服務交易的證券的價格或期貨合約交易的價格，或引致該等證券的價格或期貨合約交易的價格波動，則操控價格的行為即告發生。

如任何人—

A 在香港直接或間接訂立或履行任何當中不涉及實益擁有權轉變的證券買賣交易，而該宗交易具有以下效果：維持、提高、降低或穩定在有關境外市場交易的證券的價格，或引致該等證券的價格波動；或

B 意圖使任何虛構或非真實的交易或手段具有以下效果，或罔顧該宗交易或該手段是否具有以下效果，而在香港直接或間接訂立或履行該宗交易或採取該手段：維持、提高、降低或穩定在有關境外市場交易的證券的價格或期貨合約交易的價格，或引致該等證券的價格或期貨合約交易的價格波動，則操控價格的行為即告發生。

操縱市場Stock Market Manipulation — 香港法例571章276節

如任何人—

A 意圖誘使另一人購買或認購或不售賣某法團或其有連繫法團的證券，而在香港或其他地方直接或間接訂立或履行2宗或多於2宗買賣該法團的證券的交易，而該等交易本身或連同其他交易提高或相當可能會提高任何證券的價格（不論後述的證券是在有關認可市場或是透過使用認可自動化交易服務交易的）；

B 意圖誘使另一人售賣或不購買某法團或其有連繫法團的證券，而在香港或其他地方直接或間接訂立或履行2宗或多於2宗買賣該法團的證券的交易，而該等交易本身或連同其他交易降低或相當可能會降低任何證券的價格（不論後述的證券是在有關認可市場或是透過使用認可自動化交易服務交易的）；或

C 意圖誘使另一人售賣、購買或認購，或不售賣、不購買或不認購某法團或其有連繫法團的證券，而在香港或其他地方直接或間接訂立或履行2宗或多於2宗買賣該法團的證券的交易，而該等交易本身或連同其他交易維持或穩定或相當可能會維持或穩定任何證券的價格（不論後述的證券是在有關認可市場或是透過使用認可自動化交易服務交易的），則操縱證券市場的行為即告發生。

披露虛假或具誤導性的資料以誘使進行交易 — 香港法例571章277及298節

第277節披露虛假或具誤導性的資料以誘使進行交易

如任何人在以下情況下在香港或其他地方披露、傳遞或散發該資料，或授權披露、傳遞或散發該資料，或牽涉入披露、傳遞或散發該資料，則披露虛假或具誤導性的資料以誘使進行交易的行為即告發生—

① 該資料在某事關重要的事實方面屬虛假或具誤導性，或因遺漏某事關重要的事實而屬虛假或具誤導性；及

② 該人知道該資料屬第①段所述的資料，或罔顧該資料是否屬第①段所述的資料，或在該資料是否屬第①段所述的資料方面有疏忽。

第298節披露虛假或具誤導性的資料以誘使進行交易

如任何資料相當可能會—

① 誘使他人在香港認購證券或進行期貨合約交易；

② 誘使他人在香港售賣或購買證券；或

③ 在香港維持、提高、降低或穩定證券的價格或期貨合約交易的價格，

則在以下情況下，任何人不得在香港或其他地方披露、傳遞或散發該資料，或授權披露、傳遞或散發該資料，或牽涉入披露、傳遞或散發該資料—

① 該資料在某事關重要的事實方面屬虛假或具誤導性，或因遺漏某事關重要的事實而屬虛假或具誤導性；及

② 該人知道該資料屬第①段所述的資料，或罔顧該資料是否屬第①段所述的資料。

第五章

投資組合的構建(II)
多空倉投資組合（對沖基金）

5.1 何謂多空倉

　　由於長倉策略在投資時存在不少限制，而在熊市時亦未必能夠提供最有效的對沖方法，同時各地的交易所對沽空的規定亦有改動，使沽空活動更加方便。故此，在90年代，多空基金（亦即所謂「對沖基金」（Hedge Fund））如雨後春筍般搶佔了不少以長倉為主的基金市場。雖經歷包括2008年全球金融危機等折騰後，多空基金依然是基金市場的一個主要部份。由於多空基金原來用作對沖股市下行風險，故亦稱為對沖基金。多空基金主要是透過買入具升值潛力的股份及沽空有下行風險大的股票取利。因應買入及沽空的比例，我們可以有不同的投資組合，較普遍的是130/30、120/20、150/50（因有多種不同組合，故市場亦將此類方式稱為1x0/x0的策略）及中性。本章的目的就是解構它們的操作模式、用處及利弊。

　　多空基金的盈利來自：

　　多空倉盈利＝（持有股票的增值＋期內所收取的股息收入＋期內現金存款利息收入）－買入股票總支出－利息支出－期內持股成本－買賣成本）＋（沽出已借股票時所獲總額－借入股票成本－期內持股成本－平倉時買入股票的總額－買賣成本）

圖5-1：多空倉的盈利

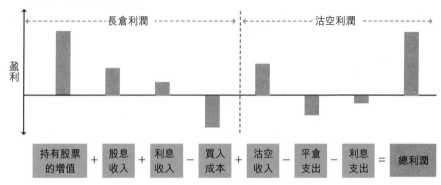

投資者在沽空股票時需要特別注意，一般交易所都只會容許有擔保的沽空（Covered Short-Selling），不會容許無擔保沽空（Uncovered Short Selling，又稱裸沽空，Naked Short-Selling）。有保證擔保是指投資者在市場沽空前需要實質擁有或借入足夠數量的股份，世界各地的交易一般都不容許投資者手頭手上沒有股票的情況下先行賣出股票。沽空股票的具體運作是：

圖5-2：沽空股票的具體運作

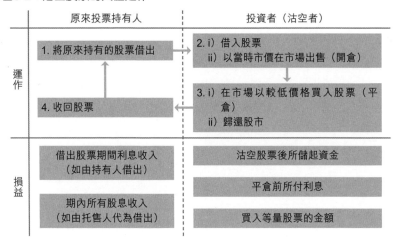

沽空活動在香港有着嚴格規定，主要是要求沽空者在沽空股票時，必須已借入或已擁有相關股票。讀者可自行查香港有關條例，如證券及期貨條例（香港法例第571章），特別是第170及171節及香港交易所《交易所條例：附章十一賣空規》。

跟長倉組合一樣，多空組合由證券及垵金為所組成，但很多時候證券部份（除了股票之外）都可能加入債券、認股權證等，特別是在構建中性組合時，（即基金或投資者不考慮大市的走勢，而只集中於各自證券的特質及質素；我會在另一章節再作進一步介紹）。長倉中的股份理所當然地是透過經紀從公開市場買入，但淡倉內股份來自哪裡呢？投資者一般是可以透過經紀向其他客戶借取。近十多年，金融市場持續發展，專門為多空基金服務的部門應運而生，一般它們規模較大，可以為客戶在市場透過其他客戶或經紀為客戶借入股份，它們稱為主要經紀（Prime Broker）。

圖5-3：主要經紀在沽空股票時的角色

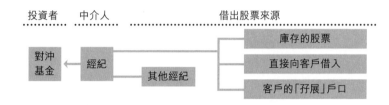

註：「孖展」PP Margin，指客戶可以利用戶口內股票作抵押借款之用。

在實際操作上，能否在市場中借到合適被沽空的股票並不是最重要的因素，根據我過去的經驗，控制借入股票的成本會是一個更大的挑戰。由於市場實際可供借出的股票對比市場供應比較少，雖然需要借入股票的投資者也不算很多，但畢竟股票借出借入的市場規模較少，故此，借入的成本也相對波動，動輒超過10%的情況也屢見不鮮。換言之，借入股票的投資者必須具備精確的眼光，否則單是利息支付也可導致虧損。

更甚者是投資者可能需要以高價進行補倉；即是當被沽空的股票價格急升的時侯，為避免進一步損失，沽空者必須在市場買入股票以償還已借入並已經出售的股票。意義上，補倉與平倉一樣的，但一般而言，平倉是指沒有迫切性的，反之，補倉是具迫切性的。為甚麼需要迫切呢？主要是因為被沽空的股票價格急速上升，假如投資者不及早買入股票以作償還之用，稍後的損失可能更大。行內有時用「衿倉」這術語形容這種緊急的情況。市場上亦有「夾倉」的一個術語，就是說，尚未平倉的投資組合（亦即所謂淡倉，或空倉）為了趕快買入股份以償還已借股票（即補倉）被迫以較高的價格買入股票，我們說這個投資者是被「夾」。股價突然竄升的原因可以是因為大市氣氛突然轉好，上市公司基本面的改善或市場供求不平衡等不同因素，不一定是指個別大戶的投機行為。

現金部份與長倉組合相若，但較少用於作在構建組合時，基本原則是

- 熊牛時——減少持有長倉數目，增加沽空股份數目
- 牛市時——增加時持有長倉數目，減少沽空股份數目

　　過去一般基金都沒有嚴格規定組合內長倉與空倉的比例，基金經理可以根據各自判斷而決定兩者的比例。這種讓基金經理靈活配置長倉及短倉比例的造法在90年代初非常流行，而量度基金經理表現的方法，亦由過比較投資組合表現與大市表現（Benchmarking）改變為單看絕對回報（Absolute Return），而基金經理的收費亦由過去只收取固定管理費，變成在收取固定管理費外更收取利潤的一部份（一般為總利潤的20%在大多條件是新一年的資產淨值必項高於過去一年的資產淨值，內術語為資產淨水平（Watermark））。正因為基金經理在獲利的情況下可以多收管理費，故此部份基金經理會採取較高風險的投資方案。再者在管理長倉時，投資者只需理會股價的上升而不用同時顧及淡倉的股份。然而，由於各對沖基金在實際表現上參差異常不一，甚至有個別倒閉的例子，於是在2007年後，市場開始對對沖基金充斥懷疑態度，為安撫客戶，因此市場產生了130/30等策略，亦稱為主動式延伸策略（Active Extensive Strategies）及中性策略。

5.2 多空倉的種類及運作

規範性的多空倉，即主動式延伸策略（Active Extensive Strategies）的實質實施模式主要有四種：

1 無特別規範多空倉
2 130/30框架（又稱為1x0/x0構架）
3 市場中性策略（Market-Neutral Strategy）
4 偏好淡倉策略（Short-bias Strategy）

表5-1：多空倉策略

	無特別規範	130/30框架	市場中性策略	偏好淡倉策略
規範	沒有重要及嚴格規則	槓桿上限為130%規定沽定空比例為30%	投資組合內的長倉及淡倉比例一致	淡倉比例佔投資組合的絕大多數
適用	偏好投機的投資者	• 對股市長期前景保持樂觀 • 有能力分辨股票高低質素的投資者	• 對股市前景（包括短、中、長）保持中性態度，不猜度臆測大市走勢 • 有能力分辨股票高低質素的投資者	對股市前景（包括短、中、長）持續悲觀
風險	高	中	低	高

在實際運作中，首三種策略較為流行，因為金融機構及經紀只會願意向有抵押品的投資者借出股票，偏好淡倉的投資者較難在市場上借得用來沽空的股票。

5.2.A. 130/30投資方法

130/30投資方法在2007年開始普及，多家大型互惠基金公司（Mutual Fund Companies），也紛紛採用130/30基金，它的動作模式是在限制沽空比例至佔全額投資額的30%，並將沽空30%所保留的金額用於增加長倉投資的130%。

在一般基金設置中，於沽空時，出售股票所獲得的現金會放在託管人（Custodian）戶口，故於基金經理人只需要借入相等30%的金額作增加長倉部份。130/30框架的具體運作可利用下圖解釋：

圖5-4：130/30框架

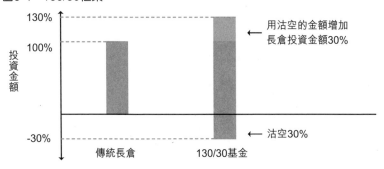

除了利用30%作指標，市場亦有120/20的組合（偏向保守）或150/50組合（偏向進取），在行內，我們稱這類基金為1x0/x0，其中x可代表任何數字。1x0/x0組合為投資者帶來一定好處。首先，將淨投資（Net Exposure）限制於一定可計算的範圍，即100%（130%－30%）因為不少基金經理就是過份投資，盲目相信市場上落是單向的（即沒有造好對沖以防錯誤估計大市方向）而造成極大的損失。於1995年倒閉的霸菱銀行就是一個著名的例子。簡單來說，當時的交易員相信只要正在下跌的日本股市略作反彈，他的投資便能獲利，結果因為出現神戶大地震，日本股市一直大幅下挫，導致極嚴重的損失。時至今日，限制交易員在市場的總投資額是金融機構中風險管理中一個大課題。

理論上，在1x0/x0框架內，無論大市升或降，投資組合中的額外盈利或虧損都可以按比例互補，因為如果大市上升10%，長倉中額外的30%股票會帶來額外10%的回報，雖然沽空部份亦可能有10%的虧損。但在實際操作上，假如基金經理在選股上有較高水平，投資組合的回報不應該是零利，應

該是盈利的。假設市場中賣的股票按質素,可分為五類(見下頁圖5-5),理論上,基本質素較高的股份的價格會在升市時升幅會拋離其他質素較次的股票,反之,在跌市中為少。同一原理,質素較低的股票無論在升市或跌市時都會表現遜色,故此,只要1x0/x0組合投資經理在沽空時沽出質素最差的股票而在長倉部份則買入質素最高的股票,則該投資組合應該會是有利可圖的。

以130/30組合為例,策略會是如下:

圖5-5:130/30框架的操作

當市道牛皮股票波動不大或短期前景不明朗時,持有較多長倉保證市道轉好時有所收益,但亦持有短倉,以防跌市時有全面損失。

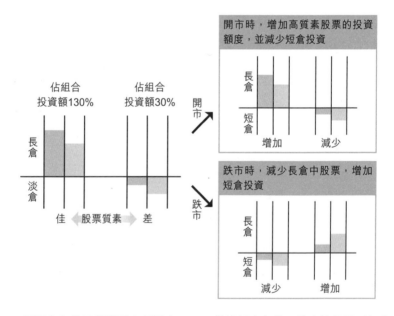

不同的行業及學術研究都同意1x0/x0投資組合在某些特定情況下(如有優秀的投資團隊)是會較長倉組合出色。可惜,1x0/x0策略盛行於2007年時,全球經濟及股市的崩潰旋即在2008年發生,使這類基金受到不同程度的

影響而業績只是可圈可點，使這類基金沒有進一步發展。大概原因是當時息口飆升，導致借入可供沽空的股票成本及借貸成本增加，侵蝕淡倉應有的利潤。

5.2.B. 市場中性策略（Market Neutral Strategy）

市場中性策略（Market Neutral Strategy），需準確預測股票市場走勢，但這並不容易，特別在資訊流通較高的今天，股價波幅相較過去為大，而大幅上升或滑落的情況，出現的次數亦增多。故此，除了專門採用由上而下（Top Down）選股方法的基金經理，不少投資者寧願將研究資源及精力投放在選股方面。在運用無規範的多空組合時，投資者需要對大市作出準確預測。在1x0/x0框架時，預測大市走勢並非最重要的考量點。假如市道持續向下時，基金經理可以盡量地減少長倉的持股量並增持現金。但在市場中性策略中，基金經理可以將大市走勢完全不須理會。方法是將長倉淡倉比例調節利於同一水平，即是，如果組合買入100萬元股票時，亦需要同一時間沽空價值100萬的股票，目的是使整個組合跟大市完全同步，在數學上，就是將Beta保持在1的水平。

在這策略下，組合可透過下面幾個方式獲得Beta以外的回報（即學術上所稱的甲級回報Alpha Return（又譯作阿爾法回報））：

- 基本因素套利（Fundamental Arbitrage）
- 統計套利（Statistical Arbitrage）

基本因素套利

在介紹1x0/x0框架時，我們曾經談到各隻股票中有高質素的股票，質素較次的股票。在大部份情況下，前者在升市時會有較大升幅，而後者表現則往往遜於大市，相反地，在跌市時，前者下跌幅度會較低，而後者則會有更大跌幅。基金經紀理只需要將高質素股票放置在長倉，而將質素較次的股票配置在淡倉，這樣無論大市方向如何，此組合均可表現優於大市。詳細動作可參1x0/x0 框架一節，至於如何選出高低質素的股票，讀者可參閱《正視股票投資》一書。

統計套利

　　相對基本因素套利，統計套利方法是著重股票的走勢及成交量而非公司的基本因素，並利用數學或統計的方法找出套利的機會。廣義來說，股票分析中的技術分析（Technical Analysis）便是統計套利的其中一種方法。但由於此方法更倚重數學方法，並有別於傳統的分析方法，故亦將這方法歸類為另類投資（Alternate Investments）。統計套利方法有多種，但較為常見的包括：

1 配對交易（Pairs Trading或Peer Trading）

亦是收斂交易（Convergence Trading）方法之一。它的構建基於相類似股份過去一段時間的價格走勢。同類型或同行業的股票通常都會同時經歷歷上升及下降，而兩者價格之間的差距亦會長時間保持相若。例如，在散裝貨船行業，藍籌船公司的股價都應該是同時上升或同時下降，假如因為某些非基本因素有關的原因，A船公司的股價上升時，而B船公司的股價卻保持不漲，而這情況跟過去的慣常走勢模式不同。當此現象出現，投資者可以買入不漲的股份（B船公司）並同時沽空上升的股份（即A船公司）。根據歷史走勢，他們最後會回復過去的軌跡，而目前的異常波動現象只屬短期，這就好像統計學上時序分析（Time Series Analysis）的「趨勢（Trend）、季節性（Seasonal）、循環性（Cyclical）、不規律性（Irregular）」（簡稱TSCI）分析中的I，即不正非常性。運用這種策略，有兩處可獲利的地方：一是A船公司股價會回落，投資者可在稍後股價回落後買回股票補倉而獲利；二是B船公司股價會追近A船公司的水平，故投資者可在長倉獲利。我們可留意到在整個操作中，基金經理基金經理人根本不需要理會大市，而只集中於個別股票的走勢及基本因素。

圖5-6：（例子）配對交易的機會

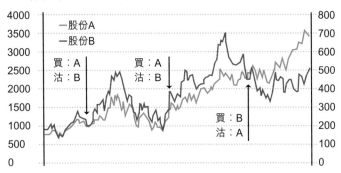

在配對交易中，配對的方法是多樣化的，被配對的股票可以是同行業的、同股東等。以今天的資訊處理技術，按行業特性，或歷史交易軌跡來在數千隻股份牛中找到可以配對的股票，其實不太困難，特別是往後測試（Back-testing）的應用程式發達的日子。

配對的難度在於如何決定投資數量；最簡單的配對方法是以金額為基礎，即使也就是每1元用於長倉則同時要沽空1元股票。但在本節開始時已經說明，市場中性策略的最重要目的是達至組合整體的Beta為1，但在配對時，投資組合Beta未必能到達至1的水平，當投資組合內只有一對配對時，將投資組合調節至1時相較容易，但當組合內有多對配對，配量時需要一定技巧。

另一個市場中性策略的重要參數是配對股份間的相關系數，無論兩隻股份的相關系數是正或負，兩者都要持續地接近1，短時間的隨機關係並不能為投資者找到合適的配對。

從以上我們可以看到運用配對交易時，投資者需要耐心地補捉短暫及不常有的投資機會。交易需要有效地執行，否則短暫的異常現象可能在短時間消失；但若如果能有效地補捉時機，利潤將會是豐厚的。事實上，自80年代摩根史丹利交易室採用及推廣後，這種交易策略曾為不少大戶帶來巨大的回報，其中表表為Long-Term Capital Management

LP（簡稱LTCM）。該對沖基金公司於1994年創立，除了有John W. Meriwether、Myron S. Scholes及Robert C. Merton（Scholes及Merton 為1997年諾貝爾獎得主）等股神外，初期每年平均回報達40%（除費用外）。它就是善於運用配對交易等方法，可惜該公司在1998年8月俄羅斯的盧布危機（Ruble Crisis）後短短四個月間輸掉46億美元，雖然美國聯邦儲備局及10多家融機構參與拯救，但最終也是倒閉收場。

2 多類交易（Multi-class Trading）

一家上市公司會發行不同的集資工具。多類交易就是指投資者利用一家公司所發行不同的集資工具去獲取利潤；譬如某家公司的債券與股票過往的歷史走勢相若，（即兩者的相關系數會接近1），加上債券又能提供穩定的利息回報，在這時候情況下，投資者可以沽空股票，然後可動用投資多餘金額買進債券，這技巧亦稱為現金提取技巧（Cash Extraction Technique）。通常此技巧用於認股權證的提取，在運用傳統的現金提取技巧時，投資者直接賣出（不是沽空）公司股份，然後利用認股權證的槓杆及存放於金融機構利息收入來擴大利潤。在這裡，投資者可以沽空（不是沽出）股票，然後增加投資額。這方法的好處是可以減少大市波動的敏感度，而傳統的大概只有利於牛市（我在1989年加入投資行業時，公司正是這種現金提取技巧的最大推動者及莊家之一。當時正直值日本認股權證市場大盛的日子，然而，隨着日本股市崩盤，公司業務萎縮，原來的大股東也要賣盤離場）。

多類交易與配對交易有相類似之處，要注意的地方同樣是追求投資組合Beta等於1；及相關系數需等於或極接近＋1或－1，但前者是集中於同類的股票，後則是跨公司、跨行業甚至是跨地域的。

3 剩餘交易（Stub Trading）

集團式企業是這種交易方法的主要對象。修讀MBA的朋友大概都讀過協調效應（Synergy，又譯成「綜效」）的好處，即是一家集團內公司及子公司可以透過利用分享資料以增加效益；是正面的，因為1加1

會大於2。但在財務學上,我們總有控股公司折扣(Holding Company Discount)的概念;含有負面的意義,因為1加1並非等於2,而是因為分享產業及無控制權的原因使公司的總價值降至低於2。控股公司折扣可用下列公式求出:

表5-2:控股公司折扣的計算

原始資產淨值	Net Asset Value Prior to Adjustment
減:分權業享折扣*	minus:Cotenancy Discount
資產淨值NAV	Net Asset Value
減:流動性折扣	minus:Liquidity Discount
100%擁有(有控制權有市場流通權)NAV	Value of 100% owned company (Controllable and Marketable)
減:無控制權折扣	minus:Discount for lack of control
100%擁有(無控制權有市場流通權)NAV	100% owned non-controllable but marketable
等如:無市場流通折扣	Equal to:Discount for Lack of Marketability
100%擁有(無控制權,無市場流通)NAV	Value of 100% owned (non-controllable and non-marketable)

換言之,除非一家公司在擁有資產時,該項資產無分權業享(Cotangency,即部份資產需與別人分別共享,如開放部份設施給公眾人仕使用)、無流通性問題、有絕對控制權及有絕對市場流通,否則,控股公司折扣是必須的。雖然現時很多分析員喜歡用部份總和(Sum-of-Parts)方法去為公司估價,以證明企業股票是物超所值的,但根據上述例表,我們就會發覺這方法往往高估股票的實際價值。

在剩餘交易中,折扣的多少並不是主要考量點,主要考慮因素是過去的折扣是否穩定;如果過去5年控股公司折扣是20%(一般市場是10%-20%。據稱韓國是30%左右),至今仍然是20%,則市場便沒有交易機會;但假如折扣突然擴展至40%,則剩餘交易策略使用者使可以馬上沽空控股公司並同時買入附屬公司。

跟其統計套利技巧相若,投資組合Beta及相關系數這兩參數是其中主要的參考點。

4 事件誘發（Event-driven）及其他

　　從13世紀Antwep開始至今天，股票投資已經從純粹為滿足集資需要（荷蘭Dutch East India Company在1602年成立時成全世界第一隻個股份制公司），發展至不同金融產品，相繼出現投資的方法五花八門；只要在網上搜尋器輸入「股票投資策略」，我們不難找好幾十種投資策略，有短線亦有長線，各適其道，投資策略也有不同。在這一章，我只將構建投資組合的分類歸納為長倉及對沖基金，而不將個別策略逐一介紹，因此其中總有漏網之魚。而事實上，所有投資策略基本上都可以分類長倉或對沖基金。近年亦有一項新分類被突破出來，就是事件誘發（Event-Driven或稱機緣投資）；即投資者會按市場的突發事件而作出反應。反應可以是馬上增加持股量，也可以馬上進行沽空，亦可以作統計套利（主要技巧包括可換套（Convertible Arbitrage）及合併套利（Merge Arbitrage））。但由於這是短線操作，亦難長時間應用於構建投資組合，故此，僅在此交待而不作主要分類。

5.3 多空基金的風險

　　相比長倉策略，對沖基金給予基金經理在熊市時提供一定的靈活性，在靈活之餘，我們又可適量加入相關規範，產生如1x0/x0框架及市場中性等策略；然而對沖基金畢竟亦存在不少風險。對沖基金的風險，主要來自沽空部份，其中包括：

1 利息不配合

　　在長倉中，部份現金是可以存放在金融機構賺取利息，在對沖基金行業中，將部份現金作收息也是容許的，但儲蓄息口一向是偏低的，而借取股票的息口卻是浮動及偏高。我在過去負責一個對沖基金時，就經常遇到叫價高昂的例子，幾乎所有有利可圖的沽空對家都是叫價偏高，例如息口達12%以上，所以除非所沽空的股票跌幅已達12%或以上，否然也是徒勞無功。市場的訊息是流通的，故此，雖然我們可以將沽空的現金以作存款，但兩者息口實在相差甚遠。

2 高對手風險（High Counterparty-Risk）

　　對沖基金經理在借貸時可以透過主要經紀人（Prime Broker）或其他投資者，這都是屬於場外交易（Off-Market Trade），在規管法例上並沒有如同場內交易般受到保護。借貸人必須承受較高的對手風險，因為對手可能會違約並要求提早歸還或增加利息等。

3 費用較高（High Expenses）

　　由於對沖基金涉及長倉與淡倉的管理，實際交易次數會較長倉盤為多，例如在市場中性策略中，交易是一買一沽的，這都直接增加交易行政與管理費用。

4 逼倉的可能（Possible Short Squeeze）

在前文我已經介紹過假如某些被大量沽空的股票價格突然飆升，沽空客會被逼馬上進行補倉，導致股價進一步大幅上升，加重損失，這種現象在市場並不罕見。

5 無限虧損（Unlimited Loss）

在長倉策略下，投資者最大的損失大概是投資金額的全部，但在沽空情況下，只要投資者一日未進行平倉，他是有責任在市場買回股份作歸還之用。由於股價上升理論上是無限的，故此投資者的虧損亦可以是無限的。其實這情況在市場上亦是司空見慣的，特別是那些小型公司，它們業績前景灰暗，是理想的沽空對象，但如果控股股東立下決心，將公司的上市地位出售，公司的前景就會變得無限秀麗，導致時候股價不跌反升。

6 難以參與（High Barrier to Entry）

由於成立對沖基金涉及借貸及借款等問題，服務供應商在承諾提供服務前會進行一系列盡職審查，除了花費不少時間外，亦不是每家基金公司都可以參與。

5.4　小結

　　毋庸置疑，對沖基金是較長倉策略靈活的，故此，各基金經理可以各施各法。正因如此，有人認為在對沖基金頭上加上任何規範都是不合適的，但亦有人認為，由於對沖基金風險可以無限大，故規範是必須的。我認為有規範總比沒有規範為佳。過去曾為一賭場機構監理過賬目時，發現賭桌上的贏輸理論上是50/50，但統計數字卻顯示莊家在百家樂賭桌上的勝出率通常是較客人為高。於是請教老行專，老行專說原因就是因為莊家受一定規範，在獲得某點數後便不能再要牌，反之，客人有較大的選擇空間去決定會否追牌，可能這正好解釋有規範較沒有規範好的道理。

　　在上一章，我介紹了有效前沿（Efficient Frontier），但其中例子都只是反映長倉策略，在加入沽空的情況下，其結果可能不同。

　　下面一張圖就是在增加沽空技巧下的有效前沿。基本上，它是將前沿由右至左推開，反映有效的投資組合會有所增加，並能滿足更偏左的無差異曲線。

圖5-7：具沽空技巧下的有效前沿

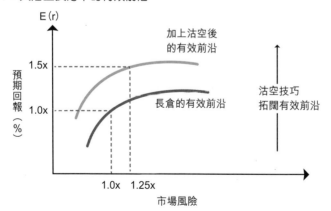

讀者如想對沽空怎樣影響有效前沿有更深入探討，不妨參看Edward A. Dyl在1975年的研究文章[1]，他在Markowitz模式上加入沽空及借款抵押問題。

圖5-8：具沽空技巧及借款活動下的有效前沿

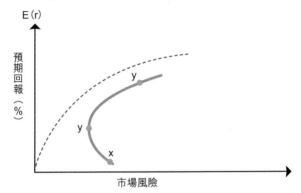

　　基本上，他認為上圖中的X點及Y點會在容許沽空的情況下消失，因為沽空股份X（然後買入股份Y）及股份Y（然後買入股份X），新的有效前沿會因此向左移動。

1　Dyl, Edward A., Negative Betas: The Attractions of Short Selling, Journal of Portfolio Management 1, 1985 年春季

第六章

投資組合的保本技巧

6.1 簡介

　　投資組合的組成目的是透過分散投資於不同投資產品或項目來減低風險。但即使如此，市場投資產品的價格仍會跟隨大市而升跌。換言之，即使我們能建構一個穩健的投資組合，而其中大部分都是優質的藍籌股，但假若大市因種種原因而大瀉，大概這投資組合的價值都會隨之而下跌；如跌幅大，可能連原來投入的本金也會虧蝕，故此，市場中有所謂保本基金的出現。顧名思義，保本基金的目的是在市場大幅下跌時，基金經理可以保證起碼原來投入的本金不會被虧掉。從表面看來，這些似乎是基金經理的秘技，或者是一些高深而又複雜、且只有用精密及價值連城的電腦程式來做，但事實上，技巧也不算非常複雜，而每位投資者都可以構建自己的保本基金。

　　當然，不同的基金經理會有不同的投資方法去達致保本的目的，其中一個較常用的是「固定比例組合保險」（Constant Proportion Portfolio Insurance，簡稱CPPI行內，亦因其發音稱之為「吹泡泡」策略），本章的目標就是向讀者扼要地介紹這方法。

CPPI是一套不自主及機械活動式的機制,它按市場投資產品的價格波動而主動地透過增加或減少高風險的投資項目(如股票)及低風險的投資項目(如債券)來保障投資者在基金期滿時所獲得的本金及爭取在市況好時獲取較高的回報。用最顯淺的用語解釋,就是在市況好的時候,基金經理增加高風險的投資項目持倉量,以爭取較高回報及減少低風險的投資項目持倉;反之,在市況逆轉變差時,基金經理會透過減低高風險的投資項目的持倉量,及增加低風險的投資項目持倉。

圖6-1:牛、熊市時不同性質股票的配置

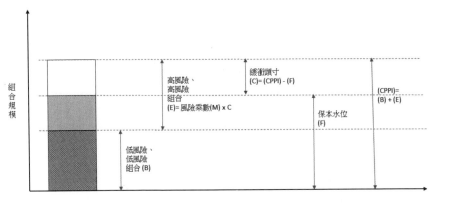

簡單來說，CPPI是由低風險低回報組合（B）及高風險高回報組合（E）組成。假設整個CPPI組合是$100，E組合則分成兩部份：

(1) 緩沖頭寸又稱為安全墊（Cushion）（C）等於CPPI減去保本水位（F），是投資者可以接受的本金水平，也是組合不見任何虧損。C是低風險組合B的預期回報。舉例，在一個5年期5%的零總債券組合現價為100 /(1+5%)^5 = 78.35，理論上我們可以購買$100－$78.35 = $21.65的高風險組合。

(2) 高風險組合（E）等如風險乘數（Multiplier）（M）乘以C。風險系數是高風險組合歷史波幅的倒數；例如過去波幅是25%，風險乘數就是4。而高回報組合規模可達$21.65×4 = $86.6。

從上面，我們可以看到CPPI的原理就是透過將該利低風險組合（B）作保本，然後將較低風險組合的預期回報以槓桿型式投資於高風險組合，以獲取更大的收益，好處是在牛市時整個CPPI組合的價值提高，而在熊市時，我們可以透過減持高回報組合並增加低回報組合而減低損失。

在上述例子中，原先的組合是$100，理論上，如果需要保本，$100便應該全部配置在低回報組合，但由於在持有期，低回報組合也會有回報，我們就用那未變現的預期回報配置於高回報的組合。在例子中，就是$21.65。即是

高回報組合　$21.65
低回報組合　$100－$21.65=$78.35

為增加回報，我們可以透過增加高回報組合的規模而達成。例子中，高回報組合的歷史波動是25%，我們可以假設將規模增加1／25%，即4倍。從另一角度來看，就是只要高回報組合跌幅不大於25%，我們可以保本，額外用來購買高回報組合的頭寸則來自低回報組合，即是：

高回報組合　$21.65×4 = $86.60
低回報組合　$100－$86.6 = $13.40

　　假設高回報組合的價值因不同原因下跌10%，即$77.94。為保本投資者應該減低高回報組合的規模，將資金配置到低回報組合，即是

高回報組合　[($77.94+$13.40)-$78.35]×4 = $51.96
低回報組合　$100－$51.96 = $48.04

以下，我們透過另一個例子詳細解釋CPPI的具體運作。

假設：

投資項目本金	$100萬
投資年期	10年
投資項目	高風險、高回報項目 *一籃子股票* 低風險、低回報項目 *10年期定息債券* *（如國債或外匯基金票據）*
低回報組合(B)回報	2.0%
保本水位（Protection Floor）	$100萬 /（1+2.0%）^10年＝$82萬
高回報組合容許波幅	25% (multiplier風險乘數為1/25%，即4)

在建立投資組合的配置時，高風險及低風險資產之間的所產生的缺口
（Gap），我們稱之為原始缺口風險（Initial Gap Risk），即由於我們將原本
可以將所有資產均配置在低風險資產而為獲得額外回報時，部分資產配置在
高風險資產時所產生的缺口風險。

原來投資配置：股票組合：（投資本金－要求最低債券的價值）/ 缺口風險）
　　　　　　　　　　（$100萬－$82.0萬）/ 25%＝$72.0萬
　　　　　　　　債券組合：（投資本金－股票組合投資額）
　　　　　　　　　　（$100萬－$72.0萬）＝$28.0萬

圖6-2：（例子）初始投資組合

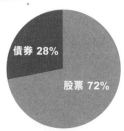

其中	價值	收益
債券組合	$28.0萬	$0
股票組合	$72.0萬	$0
總和	$100.0萬	$0

假設，1年後，股票組合的價值上升了5%，上述例子的組合會變成：

新投資組合價值：股票組合：$72.0萬×（1+5%）＝$75.6萬

債券組合：$28.0萬×（1+2%）＝$28.6萬

新投資組合回報：股票組合：$75.60萬－$72.0萬＝$3.6萬

債券組合：$28.0萬×2%＝$0.6萬

保本水位＝$100萬 /（1＋2%$)^9$ = $83.7萬

缺口風險（Gap Risk）＝〔（$75.6萬 + $28.6萬）－$83.7萬〕/ $75.6萬

＝27.1%

由於缺口風險（Gap Risk）的27.1%比臨界值（Crash Size）的25%為大，故此，為我們需要重新配置組合以保持原來的風險設定組合配置，我們稱之為「槓桿事件」（Leveraging）

新股票組合＝〔（股票組合＋債券組合）－要求最低債券的價值〕/原來臨界值

＝〔（$75.6萬＋$28.6萬）－$83.7萬〕/ 25%

＝$81.8萬

新債券組合＝（股票組合＋債券組合）－新股票組合

＝（$75.6萬＋$28.6萬）－$81.8萬

＝$22.3萬

圖6-3：（例子）改變後的投資組合

債券
21.4%

股票
78.6%

其中	原價值*	重新配置	收益
債券組合	$28.6萬	$22.3萬	$0.6萬
股票組合	$75.6萬	$81.8萬	$3.6萬
總和	$104.2萬	$104.1萬	$4.2萬

* 整數問題導致差異

就上述例子所提供的方法，我們可以假設不同的股票組合升幅，以找出升幅如何影響整個投資組合的配置，結果如下：

表6-1：（例子）組合內股票部份派升對其他資產的影響

股票組合原來價值(元)	組合價值上升幅度	債券組合原來價值(元)	要求最低債券組合價值(元)	股票組合上升後價值(元)	整體組合價值(元)	風險缺口	新增股票後的股票價值(元)	額外增加的股票數額(元)	可減少的債券價值(元)	股份部份	債券部份
(1)	(2)	(3)	(4)	(5) = (1)*[1+(2)]	(6) = (3) + (5)	(7) = [(6)−(4)]/(5)	(8) = [(6)−(4)]*25%	(9) = (8)-(5)	(10) = (6) − (8)	(11) = (8)/(6)	(12) = (10)/(6)
72	1.0%	28.56	83.7	72.7	101.3	24.2%	70.3	-2.4	31.0	69.4%	30.6%
	3.0%		83.7	74.2	102.7	25.6%	76.1	1.9	26.6	74.1%	25.9%
	5.0%		83.7	75.6	104.2	27.1%	81.8	6.2	22.3	78.6%	21.4%
	7.0%		83.7	77.0	105.6	28.4%	87.6	10.6	18.0	83.0%	17.0%
	9.0%		83.7	78.5	107.0	29.7%	93.4	14.9	13.7	87.2%	12.8%
	11.0%		83.7	79.9	108.5	31.0%	99.1	19.2	9.4	91.4%	8.6%
	13.0%		83.7	81.4	109.9	32.2%	104.9	23.5	5.0	95.4%	4.6%
	15.0%		83.7	82.8	111.4	33.4%	110.6	27.8	0.7	99.4%	0.6%
	17.0%		83.7	84.2	112.8	34.5%	116.4	32.2	-3.6	103.2%	-3.2%
	19.0%		83.7	85.7	114.2	35.6%	122.2	36.5	-7.9	106.9%	-6.9%
	21.0%		83.7	87.1	115.7	36.7%	127.9	40.8	-12.2	110.6%	-10.6%
	23.0%		83.7	88.6	117.1	37.7%	133.7	45.1	-16.6	114.1%	-14.1%
	25.0%		83.7	90.0	118.6	38.7%	139.4	49.4	-20.9	117.6%	-17.6%
	27.0%		83.7	91.4	120.0	39.7%	145.2	53.8	-25.2	121.0%	-21.0%
	29.0%		83.7	92.9	121.4	40.6%	151.0	58.1	-29.5	124.3%	-24.3%

在6.1表中，有好幾點是需要特別説明的：

1 在股票價值上升時，股票組合的配置會越來越大，反映原來用作保本的債券組合可以減少。如上表所見，當股票組合的價值上升至15%以上，股票組合是超過100%，換言之，在這時候，我們可以將資金投放在股票組合。

2 在CPPI模式中，我們只會利用長倉作為工具，空倉並非在考慮之列。

3 在上表中，當股票組合價值上升1%時，按CPPI模式，股票組合的價值應為$70.3萬，但實際上股票組合已上升至$72.7萬，換言之，在此情況下，投資者根本不用重新配置。一般來説，假如缺口風險（在此例中是24.2%）比原來的缺口風險（即25%）為低，我們不用改變原來的配置。

在上面例子中，我們假設了股票組合的價值會上漲，故此，保本的意義也不是很大。但假如股票組合的價值不停下跌，CPPI模式就會發揮更大的作用。

假設，現在的股票組合價值下跌了5%，上述例子中的組合變化會是：

新投資組合價值：股票組合：$72.0萬 × （1−5%）＝$68.4萬

債券組合：$28.0萬 × （1+2%）＝$28.6萬

收益：股票組合：$72.0萬 − $68.4萬 ＝虧損$3.6萬

債券組合：$28.0萬 × 2% ＝$0.6萬

保本水位：$100萬 / $(1+2\%)^9$ ＝$83.7萬

缺口風險（Gap Risk） ＝〔（$68.4萬 + $28.6萬）− $83.7萬〕/ $68.4萬

＝19.4%

由於股票組合價值下跌，本金可能會有虧損，故此，整個組合將需要重新配置如下：

組合配置：

新股票組合＝〔（股票組合＋債券組合）－要求最低債券的價值〕/原來臨界值
　　　　　＝〔（$68.4萬 ＋ $28.6萬）－$83.7萬〕/25%
　　　　　＝$53.0萬

新債券組合＝（股票組合＋債券組合）－新股票組合
　　　　　＝（$68.4萬＋$28.6萬）－$53萬
　　　　　＝$43.9萬

圖6-4：（例子）改變後的投資組合

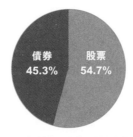

其中	原價值*	重新配置*	收益
股票組合	$68.4萬	$53.0萬	$0.6萬
債券組合	$28.6萬	$43.9萬	（$3.6萬）
總和	$97.0萬	$96.9萬	$3.0萬

* 整數問題導致差異

下表列出在不同股票組合價值跌幅下，對投資組合配置的影響：

表6-2：（例子）組合內股票部份變動對其他資產的影響

股票組合原來價值 (元)	組合價值下跌幅度	債券組合原來價值 (元)	要求最低債券組合價值 (元)	股票組合下跌後價值 (元)	整體組合價值 (元)	風險缺口	減少股票後的股票價值 (元)	額外減少的股票數額 (元)	可增加的債券價值 (元)	股份部份	債券部份
(1)	(2)	(3)	(4)	(5) = (1)*(1+(2))	(6) = (3)+(5)	(7) = ((6)−(4))/(5)	(8) = ((6)−(4))/25%	(9) = (8)−(5)	(10) = (6)−(8)	(11) = (8)/(6)	(12) = (10)/(6)
72	-1.0%	28.56	83.7	71.3	99.8	22.6%	64.6	-6.7	35.3	64.7%	35.3%
	-3.0%		83.7	69.8	98.4	21.0%	58.8	-11.0	39.6	59.8%	40.2%
	-5.0%		83.7	68.4	97.0	19.4%	53.0	-15.4	43.9	54.7%	45.3%
	-7.0%		83.7	67.0	95.5	17.7%	47.3	-19.7	48.2	49.5%	50.5%
	-9.0%		83.7	65.5	94.1	15.8%	41.5	-24.0	52.6	44.1%	55.9%
	-11.0%		83.7	64.1	92.6	14.0%	35.8	-28.3	56.9	38.6%	61.4%
	-13.0%		83.7	62.6	91.2	12.0%	30.0	-32.6	61.2	32.9%	67.1%
	-15.0%		83.7	61.2	89.8	9.9%	24.2	-37.0	65.5	27.0%	73.0%
	-17.0%		83.7	59.8	88.3	7.7%	18.5	-41.3	69.8	20.9%	79.1%
	-19.0%		83.7	58.3	86.9	5.5%	12.7	-45.6	74.2	14.6%	85.4%
	-21.0%		83.7	56.9	85.4	3.1%	7.0	-49.9	78.5	8.1%	91.9%
	-23.5%		83.7	55.1	83.6	-0.1%	-0.2	-55.3	83.9	-0.3%	100.3%
	-25.0%		83.7	54.0	82.6	-2.1%	-4.6	-58.6	87.1	-5.5%	105.5%
	-27.0%		83.7	52.6	81.1	-4.9%	-10.3	-62.9	91.4	-12.7%	112.7%
	-29.0%		83.7	51.1	79.7	-7.9%	-16.1	-67.2	95.8	-20.2%	120.2%

在上表，我們可以觀察的情況是：

1 當股票組合價值下跌23.5%時，CPPI會指示出所有投資應該放在債券組合上，換言之，在10年後（債券屆滿時），所有的債券回報加上債券組合將會等於本金，並達致保本的目的。

2 當股票組合跌幅跌在23.5%以內，CPPI模式會自動將股票組合及債券組合的比例重新配置。我們稱之為「反槓桿事件」（Deleveraging Event）。

1 CPPI模式的目的在於保證本金因股票價值下跌時不會虧掉,但代價是整體投資組合的升幅在市況大好時會落後於其他基金。

2 在CPPI模式中,在最初設置投資配置時,會考慮債券在屆滿時的價值,換言之,就是只設定於一個完全等同本金的價值,而沒有考慮通貨膨脹及貨幣貶值等因素,故此,它是保證本金,而非保證幣值。

3 在CPPI模式中,投資者不會利用短倉等套戥套利工作以增加回報或減少回報。

4 理論上,CPPI模式能夠為投資者帶來本金的保證,但在運作中,我們並沒有考慮買賣、管理等費用,故此,實際回報可能會在本金以下。

5 CPPI模式涉及不停重新配置,但實際運作時,基金經理會每周或每月進行重新配置。否則,基金經理只會在市場波動異常才會重新配置。

這種操作方式較適合中線投資之用(即3至5年的投資期)與長期戰略性資產配置(Strategic Asset Allocation,簡稱SAA)及通用於較短期的戰略性資產配置(Tactical Asset Allocation,簡稱TAA)有別於前者一般會用於長期性(如10年左右)的投資期,而後者則用於短期(如1年左右)的投資期,故此,我們又將這種操作稱為靈活戰略性資產配置(Dynamic Strategic Asset Allocation,簡稱Dynamic SAA)。

另一個基金經理也會用到的保本策略是「極端風險套戥」（Tail Risk Hedging，簡稱TRH），主要是利用衍生工具進行套戥。由於衍生工具所涉及的計算比較多，超出本書的範圍，故此不作詳細介紹。

第七章

看基金經理人的成績單(I)
基金表現歸因分析
(Performance Attribution Analysis)

7.1　簡介

當基金經理談表現時，總會以期內獲取的總回報作匯報。然而，這種只強調回報而忽略風險的匯報方式，大概只適用於非專業的投資者；專業的投資者在看回報時，也會看風險管理（以期內波動為指標），以知悉基金經理是否是以賭博方式去進行投資，而市場上亦已確立了一些衡量基金表現的指標，在第八章我會將常用的衡量方式逐一介紹。在這裡，我們會集中討論回報。原來單從回報也可看到基金經理的表現，而毋須一定參看波幅，故此；當一位基金經理侃侃而談他的高回報戰績時，我們可以透過本章所介紹的方法看出他是否只是順風而行，還是有過人的選股技巧。

眾所周知，投資組合的回報其實是來自兩個不同的因素：❶市勢的掌握（Market Timing）及 ❷ 選股技巧（Stock Selection Techniques）。

❶ 市勢的掌握（Market Timing）

簡單來説，大市上升時，投資組合亦應起碼有相應的上升幅度，換言之，當市場中的某類股份在期內10%，投資組合中的同樣組合亦應該上升10%左右。若投資組合中的同類股份超過10%，我們會認定該基金經理的表現超越大市（Outperform），反之，該基金經理是落後大市（Underperform）。若遇上跌市而跌幅少於大市跌幅，則是超越大市；若跌幅較大，則為落後大市。基金經理是可以透過增持（Overweight）或減持（Underweight）股份來爭取超越大市的表現，例如當基金經理預測某類股份的市況見漲，他可以增持該類股份，反過來説，在看跌的情況下，他可以減持，甚至改持現金。這種技巧可以歸納為下圖：

表7-1：市勢掌握的技巧

		增持股票	減持股票
市況	看漲	超越	落後
	看跌	落後	超越

這種技巧可以應用於同一個股票市場的不同板塊，如地產、航運、天然氣能源等，亦可用於不同地區的股票市場，如A股、港股及美股等。

過去有些學術研究認為掌握大市趨勢的貢獻比選股的貢獻為大，因為在大市好的時候，基金經理根本用不着精挑細選甚麼股票，只需買入該行業的龍頭股份或高Beta系數（High Beta-Coefficient）的股份便可以。這種說法當然不為所有基金經理所認同，時至今天，這兩種的理論點仍存在學術上的爭議，並未有確實的結論。

2 選股技巧（Stock Selection）

選股就是指如果在一堆股票中選出在市況好的時候會漲升得較快的股票，而在跌市中，又如何選出抗跌能力高的股票。在這方面，實際上有很多不同技巧，有從上而下的（Top-down Approach），有從下而上（Bottom-up Approach）等方法。

坊間亦有不少有關這方面的專書。我在2011年所出版的《正視股票投資》（2011年、策滙傳信）便是其中一本，我在這裡不作多談。以我多年的經驗，其實選股並沒有甚麼秘笈。投資者要的是如果保持靈活，在不同的時段，因應市場的變化，而採用不同的選股技巧。我亦曾經遇過一些因堅守原則而導致投資表現反覆的基金經理。

但為了本書的完整性，我在此將我在《正視股票投資》一書中有關選股技巧一部分的簡介，節錄如下：

投資方法有很多，有進取的、有保守的；進取的願意以高風險換取高回報，保守的儘量避免風險。在某層面上，不同的投資方略像是對普通投資者沒有甚麼關係，因為無論採用甚麼方略，投資者的目的就是獲取利潤。但事實上，認清投資的類型與特性對股票投資有莫大幫助。

首先，當證券經紀競爭激烈的今天，他們會每天向客戶推介不同的股份。例如，某採用保守方略的投資者當每天收看經紀的來電推介，並常被促銷購買高風險高回報的股份，即使不一定會帶來損失（因為錯買了沒有配合投資方略的股份），但亦會浪費雙方時間。如果投資者在選擇經紀時就說明自己的偏好策略，對證券商分配經紀也有好處。當我為客戶管理資金時，就曾有一名經紀不停向我推介一些不合基金章程要求的投資產品，而被我將他的名字從經紀名單移除。

其二，瞭解自己的投資偏好，可為他們集中精力及迅速地研究及發掘出合適的股份，因為很多股評人及報章都有按分類將資料傳遞。

其三，對於一些希望聘用專業基金經理的投資者來說，認清各種投資方略更為重要。在財富管理市場上，基金經理委實不少，他們一般都會清楚說明他們所採用的投資方略，不管好壞，投資者大多能夠對號入座，否則便會發生類似進取者錯誤買入保守型基金等事情。

其四，認清投資方略可以方便投資者安排合適的投資組合。一個理想的投資組合在分散風險的原則下，應納入不同風險程度的股份，投資者在理解自己的投資方略偏好後，可以酌量加入不同風險程度的股份以求平衡。

在這一部份，我會為讀者介紹市場常見的15種投資策略，它們亦是不少基金公司給自己的分類。我無意指出那一種方略較優，因為在投資世界並沒有所謂最好的方略，我確信不同的方略會適合不同性格及風格的投資者，但它們之間是沒有「最好」或「最壞」，因為我相信「最壞」的早已被淘汰。

主要的投資方略

1 高風險的「急進增長法」（Aggressive Growth）

2 機巧的「可換股工具套戥套利法」（Convertible Arbitrage）

3 轉危為機的「危機股法」（Distressed）

4 機會主義的「機緣投機法」（Event-driven）

5 股市中獲勝的「收入法」（Income）

6 充滿信心的「持貨（又稱多頭）投資法」（Long Only）

7 靈活走位的「多空（又稱沽空)投資法」（Long/Short Hedged）

8 眼光高遠的「宏觀投資法」（Macro）

9 不偏不倚的「中性市場投資法」（Market Neutral）

10 出入頻仍的「市場時機投資法」（Market Timer）

11 蘋果堆中尋找機會的「類比價值投資法」（Relative Value）

12 股友殺手「沽空法」（Short-bias）

13 眾裏尋她的「小型企業投資法」（Small / Micro Capitalization）

14 科學化的「量化投資法」（Quantitative）/「統計學套利投資法」
（Statistical Arbitrage）

15 偉哉的「價值投資法」（Value）

7.2　基金表現歸因分析的計算方法[1]

計算表現歸因

　　從上面我們可以看到基金的表現是等如大市走勢貢獻加上選股技能。反過來說，只要我們將投資組合總回報減去大市走勢的貢獻，那基金經理的能力顯然易見。

步驟1 計算市場總回報

投資組合整體回報＝大市的貢獻＋選股的技巧
在計算時，我們先假設整體市場的回報，就是

$$r_B = \sum_{i=1}^{N} w_{Bi}\, r_{Bi}$$

此處：

　　r_B　　　　＝市場基準的回報

　　w_{Bi}　　　＝基準組合中每項資產的投資量

　　r_{Bi}　　　＝每項基準資產種類的回報

　　在上述量化公式中，r_{Bi} 就是該項資產的回報，在這裡，資產可以是不同種類的資產（如股票、債券）、不同股市板塊或不同市場。當每項資產的總回報相加起來，我們就有加權的回報。

1　Brinson, Gary P.,L. Randolph Hood,及 Gilbert L. Beebower, Determinants of Portfolio Performance, Financial Analysts Journal, 1986年7-8月，第39-44頁及 Brinson, Gary P., 及 Nimrod Facler, Measuring Non-US Equity Portfolio Performance, Journal of Portfolio management, 1985年春季，第73-76頁

步驟2 計算目標投資組合的回報

目標投資組合的回報可寫成

$$r_P = \sum_{i=1}^{N} w_{pi} \, r_{pi}$$

此處：

r_P ＝目標投資組合的總回報

w_{Pi} ＝組合中每項資產的投資量

r_{Pi} ＝組合中每項資產的回報

這步驟的目的是計算出整個投資組合中的加權回報，要注意的是目標投資組合跟樣板指標市場組合所涵蓋時段必須一致。

步驟3 比較市場組合及目標組合的回報

我們可以將兩個組合的回報相比較如下：

$$r_P - r_B = \sum_{i=1}^{N} (w_{pi} \, r_{pi} - w_{Bi} \, r_{Bi})$$

經重新排列後，結果會是

$$r_P - r_B = \sum_{i=1}^{N} \{ r_{Bi}(w_{pi} - w_{Bi}) + w_{pi}(r_{pi} - r_{Bi}) \}$$

公式右面的第一項，即$r_{Bi}(w_{pi} - w_{Bi})$就是反映大市的貢獻，而第二項$w_{pi}(r_{pi} - r_{Bi})$就是反映選股技巧的結果。

7.3　基金表現歸因分析的例子

假設現在有一個日本以外的亞洲股票基金，它可以投資於香港、台灣及新加坡。在過去一段時間，基金經理在香港、台灣及新加坡分別得出下列投資：

表7-2：（例子）原始投資組合構成

市場	佔總投資	回報
香港	65.2%	9.5%
台灣	8.2%	9.0%
新加坡	26.6%	8.5%
	100.0%	

就上述資料，我們的計算如下：

步驟1 計算基準市場總回報

按市值（Market Capitalization）來算，這三個市場的比例是

市場	佔總投資	回報
香港	63.7%	8.1%
台灣	19.4%	8.4%
新加坡	16.9%	5.6%
	100.0%	

計算結果：$r_B = (63.7\% \times 8.1\%) + (19.4\% \times 8.4\%) + (16.9\% \times 5.6\%)$
$= 5.2\% + 1.6\% + 0.9\%$
$= 7.7\%$

步驟2 計算目標投資組合的回報

從上面的資料，我們可計算該基金的表現

$$r_P = (65.2\% \times 9.5\%) + (8.2\% \times 9.0\%) + (26.6\% \times 8.5\%)$$
$$= 6.2\% + 0.7\% + 2.3\%$$
$$= 9.2\%$$

步驟3 比較市場組合及目標組合的回報

總回報：

$$r_P - r_B = 9.2\% - 7.7\%$$
$$= 1.5\%$$

大市貢獻的回報：

$$r_P = (65.2\% - 63.7\%) \times 8.1\% + (8.2\% - 19.4\%) \times 8.4\% + (26.6\% - 16.9\%) \times 5.6\%$$
$$= 0.1\% - 0.9\% + 0.5\%$$
$$= -0.3\%$$

選股技巧所帶來的回報：

$$r_B = (9.5\% - 8.1\%) \times 65.2\% + (9.0\% - 8.4\%) \times 8.2\% + (8.5\% - 5.6\%) \times 26.6\%$$
$$= 0.9\% + 0.1\% + 0.8\%$$
$$= 1.8\%$$

將兩部分的回報相比：

$$r_P - r_B = -0.3\% + 1.8\%$$
$$= 1.5\%$$

步驟4 結論

I. 該基金經理人在掌握市勢方面成績不甚理想。在香港市場，所投進的資金並沒有帶來任何主要貢獻，因為資產的配置與市場規模相若（65.2%相對於市場的63.7%）；在新加坡市場的選股帶來了優於大市的表現（8.5%相對於市場的5.6%），但由於該市場所佔的份額不大，故此，對總體貢獻有限（0.8%的增長）。該基金經理最大的錯誤是減持了台灣市場的配量，相對台灣市場有差不多兩成（19.4%）的份額，他只有8.4%的資金在這市場，結果即使基金經理能夠在台灣獲得9.0%的回報，但整體貢獻只有0.1%。由此可見，雖然此基金經理的選股技巧帶來了1.8%的回報，但由於他在市場配量上出現了失誤，導致只有1.5%的超額回報。

II. 該基金經理的選股能力相對不俗，正確的選股為該基金帶來1.8%的額外回報。

相對而言，這種分析方法較為原始，因為它只處理了單一段時期的平均回報，沒有處理期內的變化及平均的計算方法。基金分析公司，如Morningstar等，在為基金排名字時，發展出較詳盡的分析方法，有興趣的讀者可自行參考。

第八章

看基金經理人的成績單(II)
量度基金表現
(Fund Performance Measurement)

8.1　簡介

在基金表現歸因分析一章（第七章）中，我們已經簡單地介紹資產配置在基金表現中所扮演的角色。歸因分析有效地反映基金經理在掌握市勢及選股技巧的能力，但缺點是強調回報，而忽略了風險因素。在1966年，夏普教授（Prof. William Forsyth Sharpe）改進了A.D. Roy的衡量方法並提出「回報相對波幅」（Reward-to-variability）模式，它的目的是比對超額回報（Excess Return）及期內回報率的波幅。雖然，業界對這指數有不同的批評，但現今這被稱為夏普比率（Sharpe Ratio）的量度指標仍是基金業界中最重要及流行的衡量指標。夏普比率以外，市場亦發展了其他類似指標。在這一節，我們會介紹其中最普遍接受的5個指標，就是夏普比率、崔納比率（Treynor Ratio）、詹森Alpha（Jensen's Alpha）、索提諾比率（Sortino Ratio）及資認比率（Information Ratio）。

8.2 夏普比率 (Sharpe Ratio)

今天市場上最普遍採用是夏普比率,是夏普教授在1994[1]的改進版。

方程式是:

$$\text{夏普比率(S)} = \frac{E(R_a-R_b)}{\sigma} = \frac{E(R_a-R_b)}{\sqrt{\text{var}(R_a-R_b)}}$$

此處:

R_a	:資產回報 (Asset Return)
R_b	:基準指標資產回報 (Benchmark Asset Return)
$E(R_a-R_b)$	:預期資產超越樣板指標資產的回報 (Expected value of the excess of the asset return over the benchmark asset return)
σ	:標準方差 (Standard deviation)

夏普比率主要用於計算在基金經理獲得的回報,他其實也承受多少風險 (即表現的波幅)。該比率有兩個變異版本,即事前估計 (Ex-ante) 及事後估計 (Ex-post),前者是用預期回報: (Expected Return) 作分子,而後者則以套現回報 (Realized Return) 作為分子,兩者的分母依然是標準方法。基準指標資產可以是無風險資產回報 (Risk-free Rate) 或資產相關指數,如恆生指數或中證指數等。

下面兩個例子 (組合P及Q) 中,總回報相若 (組合P的63.88%,組合Q的63.81%),但因為期間波幅不同,結果夏普比率也不同。

1　Shape, William F. The Sharpe Ratio, The Journal of Portfolio Management 1994, 21(1): pp49-58

表8-1：（例子）投資組合P的歷史記錄

標準方差＝6.7493　夏普比率＝0.021

	市場回報 (Rm)	投資組合Q 的回報 (Rp)	Rp－Rm	Rp－平均Rp	$\sqrt{}$ (Rp－ 平均Rp)
一月	(6.74)	(4.94)	1.80	(10.26)	105.34
二月	(1.64)	(1.27)	0.37	(6.59)	43.47
三月	12.11	11.51	(0.60)	6.19	38.27
四月	14.02	13.36	(0.66)	8.04	64.59
五月	19.05	18.30	(0.75)	12.98	168.39
六月	(1.12)	0.99	2.11	(4.33)	18.78
七月	11.26	11.08	(0.18)	5.76	33.14
八月	6.06	1.61	(4.45)	(3.71)	13.79
九月	7.48	8.43	0.95	3.11	9.65
十月	2.28	(0.29)	(2.57)	(5.61)	31.51
十一月	2.02	4.02	2.00	(1.30)	1.70
十二月	(2.57)	1.08	3.65	(4.24)	18.01
總和	62.21	63.88	16.7		546.64
平均	5.18	5.32	0.14		

表8-2：（例子）投資組合Q的歷史記錄

標準方差＝9.3992　夏普比率＝0.014

	市場回報 (Rm)	投資組合Q 的回報 (Rq)	Rq－Rm	Rq－平均Rq	$\sqrt{}$ (Rp－ 平均Rp)
一月	(6.74)	(7.18)	(0.44)	(12.50)	156.21
二月	(1.64)	(3.42)	(1.78)	(8.74)	76.31
三月	12.11	13.00	0.89	7.68	59.02
四月	14.02	17.10	3.08	11.79	138.92
五月	19.05	19.91	0.86	14.60	213.06
六月	(1.12)	(7.96)	(6.84)	(13.28)	176.38
七月	11.26	14.00	2.74	8.68	75.38
八月	6.06	8.53	2.47	3.21	10.29
九月	7.48	9.93	2.45	4.61	21.27
十月	2.28	1.20	(1.08)	(4.12)	16.96
十一月	2.02	4.10	2.08	(1.22)	1.48
十二月	(2.57)	(5.40)	(2.83)	(10.72)	114.87
總和	62.21	63.81	1.60		1,060.15
平均	5.18	5.32	0.13		

回報率及波動這兩個參數與夏普比率的關係如下：簡單來説

表8-3：夏普比率與回報率及波幅關係

	參數	夏普比率
回報率	高	高
	低	低
波幅	高	低
	低	高

這上述關係説明在判定不同基金組合的表現時，夏普比率應該是越高越好，但問題是夏普比率的高低並沒有特定標準，所以當基金組合夏普比率是0.2時，我們難以説這基金組合的表現是好抑或是壞，故此當用夏普比率來衡量基金組合的表現時，以下各點必須考慮：

❶ 夏普比率應用作比較兩個以上的組合，而非用於單一基金組合；

❷ 計算夏普比率的覆蓋基準須相同，我們總不能對一個香港基金組合比對一個大中華的基金組合，也不能將一個涵蓋1年的組合比較另一個只有6個月表現記錄的基金組合，故此，我們可以看到新成立（少於一年）、三年及五年的基金表現類別；

❸ 每個基金組合均有其投資哲學，而基金經理在募集資金時在章程中有所約定，不能隨時更改，因此，我們也不應該將一個進取型基金比對一個保守型基金的表現。

此外，夏普比率也有為人詬病的地方；首先，當基金價值下跌時，它不能發揮作用，因為在計算比率時，用作代表風險的波幅是以標準方差為基數，而在計算標準方差時（Rm－Rf）會平方，我們都知道負數的平方會是正數，故此所算出的夏普比率都會是正數。

其次，基金價格的波幅反映市場整體風險（Total Risk），而未能將市場/非系統風險（Market Risk或Systematic Risk）及企業風險（Firm Risk或Unsystematic Risk）分開處理。因此，使用者無法辨別風險是來自市場的波動抑或是個別基金經理的失誤。

8.3 崔納比率（Treynor Ratio）

崔納比率是夏普比率的改良版，由於標準方差只能反映整體風險，（即系統風險及非系統風險的總和），故此，崔納將公式中的分母改為 β 系數（Beta-Coefficient），而分子則改為超額回報（Excess Return），即投資組合的總回報減去市場無風險回報（Risk-free Return），公式為：

$$崔納比率 = \frac{R_p - R_f}{\beta}$$

此處：

R_p ＝投資組合回報（Portfolio Return）

R_f ＝市場無風險回報（Risk-free Return）

β ＝ β 系數（Beta-Coefficient）

分子中的超額回報表示，基金經理人除了在無風險的情況下所得回報之外還有所得的額外回報，例如目前政府債券的孳息率是1.5%，由於政府債券大致歸類為無風險投資項目，故此1.5%被視為無風險回報，即基金經理人應起碼獲得1.5%的回報，任何超過1.5%的回報為超額回報。理所當然，超額回報越高，基金經理人表現越好。

分母的 β 系數是反映基金價格與樣本投資組合（一般會以指數代表）的相互關係（Correlated Relationship），關係為：

$\beta > 1$	基金價格的波幅較指數波幅為大，可視為基金經理基金經理人在大市上漲時獲得更高的回報
$\beta = 1$	基金價格的波幅與大市走勢相若，從風險角度來看，管理也算得宜，基金價格的波幅較大市波幅少，雖然基金經理在升市未能獲得較大的回報，但反過來說，在跌市中，基金的損失可以減少，故風險較低
$\beta = 0$	基金價格波幅與大市完全沒有關係

更多有關 β 的例子可在《正視股票投資》P.218中找到。在衡量基金經理過去的表現時，最理想的是找出高回報及低風險的所在點，崔納比率因此成為一個主要指標。

表8-4：崔納比率與回報率及波幅關係

	參數	崔納比率
回報率	高	高
	低	低
波幅	高	低
	低	高

乍看起來，崔納比率與夏普比率的衡評基準相若，就是比率越高越好，但細看之下，我們可以得出夏普比率以總回報來衡量，故此，在升市時，夏普比率難於幫助投資者分辨出回報是來自市場力量或是選股的能力。崔納比率則較能幫助選出較有風險管理能力的基金經理，因為 β 的高低，是可以透過分散（Diversification）投資而控制，理論上，當分散越大，投資組合相對指數的相關波幅會減低，即 β 系數變得越低。

正如夏普比率，在使用崔納比率時，投資者需要注意下面幾點就是：

- 崔納比率也是用於比較，不能作獨立使用；
- 比較時，比較的標準應該一致，即涵蓋時段、投資哲學及投資主題是相向的。

然而，崔納比率最大的缺點在於使用 β 系數。雖然 β 系數在財務市場仍然被廣泛使用，但其中不足之處也不少，在此不再詳述，僅將重點摘要如下：

1 β 系數並沒有統一時段定義；
2 歷史不一定重複；
3 β 系數只是計算的統計技巧，沒有考慮質量因素；
4 β 系數不能解釋企業的發展軌跡。

8.4 詹森Alpha（Jensen's Alpha）

　　詹森Alpha方法在1986年發表，主要是用作判定基金經理人能否在「經風險調整後回報」（Risk-adjusted Return）（即是CAPM回報），以外取得額外回報，即非正常回報（Abnormal Return），或稱為甲級回報（又譯阿爾法回報，Alpha Return）。Michael Jenson[2]認為基金本身在計算所有風險後應有正常的回報。簡單來說，在某特定的投資環境下，所有的基金經理應該最起碼獲得一定的回報，而這回報是可以透過CAPM的計算而獲得，例如，房地產股票板塊的 β 系數（Beta-Coefficient）是1.2，即當市場無風險回報是1.5%（即在不需要承受額外風險等所獲得的回報）及整體市場的指數上升5%時，甲級回報（Alpha Return）應該是：

甲級回報＝市場無風險回報＋板塊Beta系數×〔整體市場回報－市場
　　　無風險回報〕
　　　＝Rf + β（Rm－Rf）
　　　＝1.5%＋1.2（5%－1.5%）
　　　＝5.7%

　　換言之，一位基金經理基金經理人在一時段應可獲得的正常回報是5.7%，詹森Alpha的度量方法就是將基金組合總回報減去甲級回報，即

詹森Alpha＝基金組合總回報 －〔市場無風險回報＋板塊 Beta系數×
　　　（整體市場回報 － 市場無風險回報）〕
　　　＝基金組合總回報 － 甲級回報

2　Jensen, Michael C., The Performance of Mutual Funds in the Period 1945-1964, Journal of Finance（May, 1968）. Reprinted in Investment Management: Some Readings, J. Lorie and R. Brealey, Editors（Praeger Publishers, 1972）.

以上述為例，假如一個基金組合的總回報是8.0%，則詹森Alpha會是8.0%－5.7%＝2.3%。明顯地詹森Alpha越高，基金經理基金經理人的表現則越好。

詹森Alpha較優之處是它能夠容許板塊比較，例如在比較房地產投資組合及航運投資組合時，我們可以先減去各自的甲級回報才進行比較。值得注意是詹森Alpha假設 β 系數（根據CAPM理論）能夠全面及真實地反映市場的風險。關於CAPM理論的優劣，我已經多次說明，在此不作重複。

8.5 索提諾比率（Sortino Ratio）

與詹森Alpha相若的比率還有索提諾比率（Sortino Ratio），它是以投資組合的已套現回報（Realized Return）減去投資者的目標（或要求）的回報率（Target/Required Rate of Return），再除以目標半方差，又譯作半變異數（Target Semivariance，又譯作半變異數）。簡單來說，半方差是在計算波幅時只考慮低於投資組合價格平均值的波幅，故主要針對下行風險（Downside Risk）。在索提諾比率中，目標半方差是半方差的開平方（Square Root），公式是

$$目標半方差 = \int_{-\infty}^{T} ((T-x)^2 f(x) dx)^{\frac{1}{2}}$$

當中：

　T　＝目標回報
　f(x)　＝x值的機率密數函數（Probability Density Function）

則索提諾比率的公式為

$$索提諾比率 = \frac{已套現投資回報 - 目標回報}{目標半方差}$$

相對而言，索提諾比率較少被引用，故此在這裡不再詳述。

8.6 資認比率（Information Ratio）（又稱為績效評估指數Appraisal Ratio）

這個是改良自崔納指數，它將基準組合回報（Benchmark Return）的超額回報（即將投資組合總回報減去市場一般組合回報），除以投資組合的非系統風險（Non-Systematic Risk）。以公式顯示，信息比率就是

$$資認比率 = \frac{投資組合回報 - 市場一般投資組合回報}{超額回報標準差}$$

資認比率主要目的是找出主動投資所獲得的超額回報的回報。舉例，某投資組合回報及標準差分別是5%及3，而市場一般投資組合回報是2%及標準差是2，

$$則資認比率 = \frac{(5\% - 2\%)}{(3 - 2)}$$

$$= 0.03$$

在這裡，資認比率越大，代表基金經理人的主動回報越高。要注意的是，資認比率中的回報一般都是以年度化（Annualize）方式計算。

8.7 小結

　　本章介紹的幾種評估方法都是市場上較為普遍的方法，各種評估方式均有優劣之處，由簡單的夏普比率到較複雜的索提諾比率，目的都是比較各一定範圍投資組合的表現。在使用各比率作比較時，投資者應以同一比率量度各投資組合的表現，即是以蘋果比對蘋果，以橙比對橙。另一方面，連貫性（Consistency）也是重要，我們不能今天以夏普比率來比較，然後明天再改用在崔納比率來比較，以免產生不一致的結果。

　　還記得我在第一章談過龜兔賽跑的故事嗎？有人會批評同時分別投注於兔先生及龜先生的作法是太保守了。假如我們明知兔先生已經有充足準備，並且睡眠充足，亦從不驕逸，爭標之心實無可疑之處，故此，將所有本金押在兔先生身上也是無可厚非，意外之處實屬不幸，只怪是百年一遇的情況罷了。更重要的是分散下注會減低回報，重鎚出擊則會帶來高回報。另外，即使在第一注有所損失，只要眼光獨到，賺利的次數比虧損的次數高就成了。我們當然不能排除有眼光如此銳利的投資者，但我相信全民都是選股高手的或然率不高，那麼分散投資是有其必要性的。

　　從另一個角度來看，利用每一趟都重鎚出擊的方法來追求高回報卻不一定是最理想的方略，因為用於選股及博奕時所耗損的時間可以是無價的。除非是專職投資者，將大量時間用於選股及研究，可能會導致機會成本的損失。其實持續及穩定之收入的實質貢獻不菲，只是我們忽略而已。在估計收入回報時（其中包括將利息收入重新加入投資），我們有所謂72法則來粗略估計穩定回報的貢獻。簡單來説，就是將每年的回報率除以72，即可估計出得出需要將本金增加一倍的所需年期。例如，年回報率是5%時，我們只要利用72法則則可算出只需要14.4年時間來使本金增加一倍，即在72÷5%。（實際計算算式得出的結果應該是14.207年。由於72法則只是一個粗略的估算方法，而且不是非常準確，故此亦有所謂70法則及69.3法則。）[3]，或者説，如果我們只要每年獲得7%的回報，我們的本金就可以在10年翻一倍。只要翻看過去十年的經濟表現，我們可以見到這不是一個簡單的回報。在過

3　實際計算算式是

$$T = \frac{\ln(2)}{\ln(1+r)}$$

此處：
　T　＝所需年期
　R　＝回報率
　$\ln$　＝自然對數

去十年，我們遇見的是2001年的科技股爆破，2001年的9.11事件；2003年的沙士疫症、2008年的由次按次級按揭（Sub-mortgage）引起的全球金融風暴及2009年以後仍在擾攘的歐債危機（源自2008年違約開始）等事件，當中所有資產的價格都有極大的波動。我相信在這段時間必定存在能夠將資產價值翻一倍的人，甚至也一定仍有一部分投資者仍未能完全收復失地。

當然，寫這本書的原因並非為讀者介紹一套必勝之術，只是為對投資有興趣的專業人士解釋現代主流方法，亦因此稱它們為王道，務求使讀者在與基金經理討論投資方案時，能更有效地溝通，甚至讀者可以自行構建一個適合自己的投資組合。對需要考試的朋友，亦可以是一本溫故知新的讀物。

附錄

投資組合管理公式集

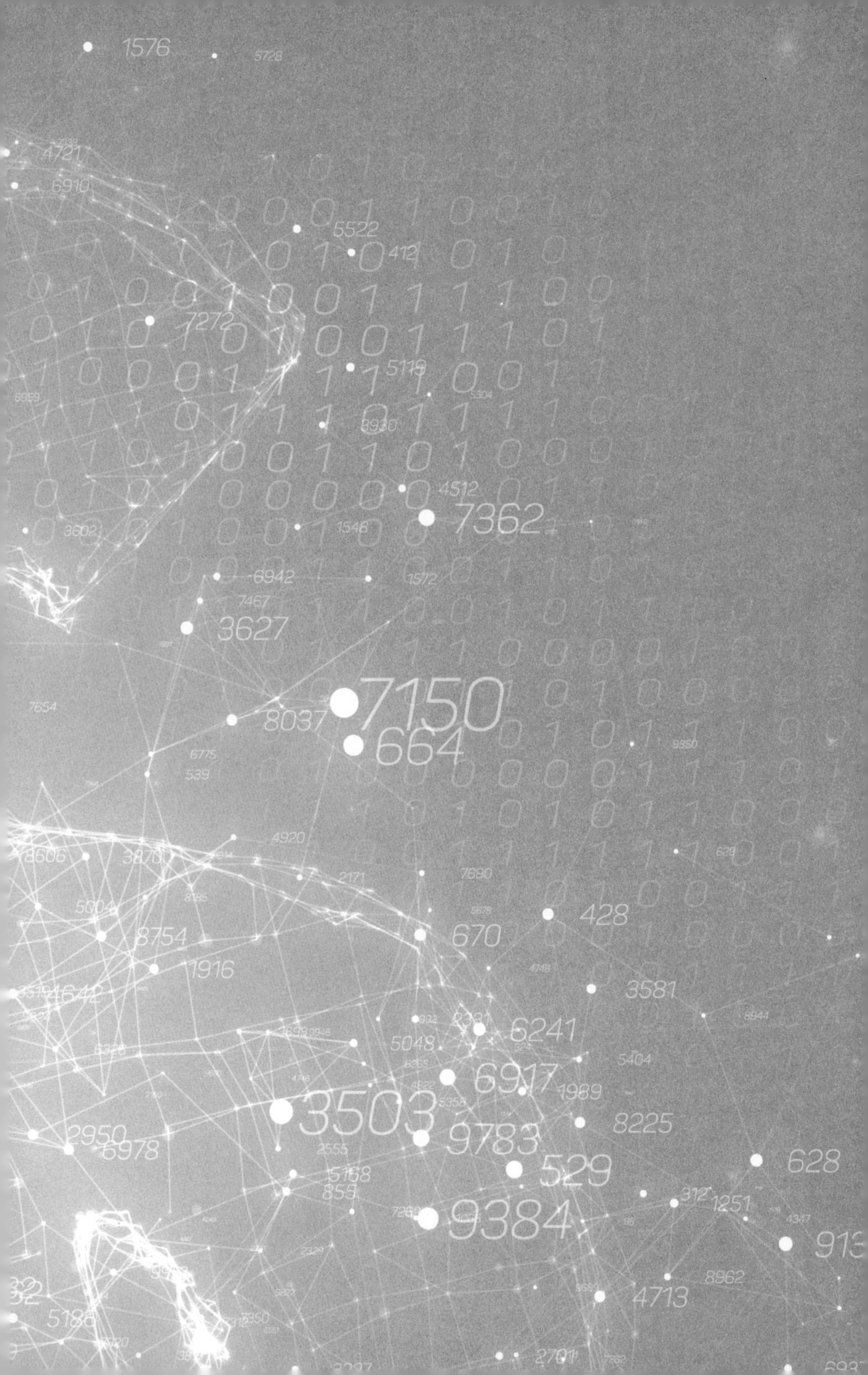

本書旨在向投資者介紹一個投資組合管理的主流方法,故此,在篩選材料時放棄了一些零碎的枝節。但為了平衡本書內容的完整性及覆蓋範圍,我在此彙集了一些投資組合管理公式供參閱如下。

Portfolio Management 投資組合管理
Return 回報

Holding Period Return	持有期間的回報率
• Dividend payments discounted by required return on equity	• 以所需回報率折現股息收入

$$R_t = \frac{P_t - P_{t-1} + \sum_{j-1}^{j} D_{tj}(1+R^*_{tj,t})^{t-tj}}{P_{t-1}}$$

$$R_t = \frac{P_t - P_{t-1} + \sum_{j-1}^{j} D_{tj}(1+R^*_{tj,t})^{t-tj}}{P_{t-1}}$$

where		此處	
R_t	simple (or discrete) return of the asset over period $t-1$ to t	R_t	在 $t-1$ 和 t 期間資產的單利(間隔)回報率
P_t	price of the asset at date t	P_t	在 t 日資產的價格
D_{tj}	dividend or coupon paid at date tj between $t-1$ and t	D_{tj}	在 $t-1$ 和 t 之間的 tj 日所支付的股息或息票利息
tj	date of the jth dividend or coupon payment	tj	支付第 j^{th} 次股息或息票利息的日期
$R^*_{tj,t}$	period tj to t time	$R^*_{tj,t}$	在 tj 和 t 期間的按年計算(年化)無風險利率
j	number of intermediary payments	j	持有期間收款的次數

Arithmetic Versus Geometric Average of Holding Period Returns	算術和幾何平均持有期回報率
• Arithmetic average of holding period returns	• 算術平均持有期回報率

$$r_d = \frac{1}{N} \sum_{i=1}^{N} R_i$$	$$r_d = \frac{1}{N} \sum_{i=1}^{N} R_i$$

where	此處
r_d arithmetic average return over N sequential periods	r_d 連續經過 N 時段後的算術平均回報率
R_i holding period returns	R_i 持有期間各時段的回報
N number of compounding periods in the holding period	N 持有期間的複合計算時段數目

Geometric average return over a holding period using discrete compounding	運用間隔複合計算的幾何平均持有期回報率

$$R_A = \sqrt{(1+R_1)(1+R_2) \bullet \cdots \bullet (1+R_N)} - 1$$	$$R_A = \sqrt{(1+R_1)(1+R_2) \bullet \cdots \bullet (1+R_N)} - 1$$

where	此處
R_A geometric average return over N sequential periods	R_A 連續經過 N 時段後的幾何平均回報率
R_i simple (discrete) return for the period	R_i 時段i的單利(間隔)回報
N number of compounding periods in the holding period	N 持有期間的複合計算時段數目

Time Value of Money:
Compounding and Discounting

* Compounded returns

$$1 - R_{eff} = (1 + \frac{R_{nom}}{m})^m$$

where

R_{eff} effective rate of return over entire period

R_{nom} nominal return

m number of sub-periods

Continuously compounded and simple (discrete) returns

* In the case no dividends paid between time $t-1$ and t

$$r_t = ln \frac{P_{tl}}{(P_{t-1})} = ln(1 + R_t)$$

$$R_t = e^{rt} - 1$$

where

P_t price of the asset at date t

r_t continuously compounded return between time $t-1$ and t

R_t simple (discrete) return between time $t-1$ and t

貨幣的時間價值：複合計算和折現

* 複合計算回報

$$1 - R_{eff} = (1 + \frac{R_{nom}}{m})^m$$

此處

R_{eff} 整個時段的有效回報率

R_{nom} 名義回報

m 子時段的數目

連續複合計算和單利（間隔）回報

* 在時刻 $t-1$ 和時刻 t 期間無股息支付個案

$$r_t = ln \frac{P_{tl}}{(P_{t-1})} = ln(1 + R_t)$$

$$R_t = e^{rt} - 1$$

此處

P_t t日的資產價格

r_t 在時刻 $t-1$ 和時刻 t 期間的連續複合計算回報（複利）

R_t 在時刻 $t-1$ 和時刻 t 期間單利（間隔）回報

Annualization of Returns	按年計算（年化）的回報率
• Annualizing holding period returns（assuming 360 days per year）	• 持有期回報率的年化（假設360天一年）
• Assuming reinvestment of interests at rate R_t	• 假設利息以 R_t 的利率再投資

$$R_{ann} = (1+R_t)^{\frac{360}{T}} - 1$$	$$R_{ann} = (1+R_t)^{\frac{360}{T}} - 1$$
where	**此處**
R_{ann} annualized simple rate of return	R_{ann} 年化的單利回報率
R_t simple return for a time period of T days	R_t 經過 T 天的單利回報
Note：convention 360 days（or 365）. The effective number of days varies from one country to another.	注意：一年之中有效日子的算法，有的國家是365日，有的國家是360日。

Annualizing continuously compounded returns (assuming 360 days per year)	年化的連續複利複合回報（假設一年有360天）

$$r_{ann} = \frac{360}{T} x r_t$$	$$r_{ann} = \frac{360}{T} x r_t$$
where	**此處**
r_{ann} annualised continuously compounded rate of return	r_{ann} 年化連續複利複合回報率
r_t continuously compounded rate of return earned over a period of T days	r_t 經過 T 天的連續複利回報率

Nominal Versus Real Returns	名義和實質回報
• simple returns	• 單利回報
$R_t^{real} = R_t^{nominal} - I_t - R_t^{real} \cdot I_t = R_t^{nominal} - I_t$	$R_t^{real} = R_t^{nominal} - I_t - R_t^{real} \cdot I_t = R_t^{nominal} - I_t$
• continuously compounded（cont. comp.）returns	• 連續複利回報
$r_t^{real} = r_t^{nominal} - i_t$	$r_t^{real} = r_t^{nominal} - i_t$

where		此處	
R_t^{real}	real rate of return on an asset over period t (simple)	R_t^{real}	時段t的資產實質回報率（單利）
$R_t^{nominal}$	nominal rate of return on an asset over period t (simple)	$R_t^{nominal}$	時段t的資產名義回報率（單利）
I_t	rate of inflation over period t (simple)	I_t	時段 t 的通貨膨脹率（單利）
r_t^{real}	real rate of return on an asset over period t (cont. comp.)	r_t^{real}	時段 t 的資產實質回報率（連續複利）
$r_t^{nominal}$	nominal rate of return on an asset over period t (cont. comp.)	$r_t^{nominal}$	時段 t 的資產名義回報率（連續複利）
i_t	rate of inflation over period t (cont. comp.)	i_t	時段 t 的通貨膨脹率（連續複利）

Portfolio Management 投資組合管理
Risk 風險

Two random variables **X** and **Y**. The variables take values, in state **k** with probability

兩個隨機變量 **X** 和 **Y**，該隨機變量在狀態 **k** 時的概率為，價值為和。

- Expectation value

$$E(x) = \mu = \sum_{k=1}^{K} P_k \cdot x_k \cdot E(y) = \sum_{k=1}^{K} P_k \cdot y_k$$

- 預期值

$$E(x) = \mu = \sum_{k=1}^{K} P_k \cdot x_k \cdot E(y) = \sum_{k=1}^{K} P_k \cdot y_k$$

- Variance

$$Var(x) = \sigma^2_x = E[(X - E(X))^2] = E(X^2) - E(X)^2$$
$$= \sum_{k=1}^{K} P_k (x_k - E(X))^2$$

- 變異數

$$Var(x) = \sigma^2_x = E[(X - E(X))^2] = E(X^2) - E(X)^2$$
$$= \sum_{k=1}^{K} P_k (x_k - E(X))^2$$

- Covariance

$$Cov(X \cdot Y) = \sigma_{xy} = E[(X - E(X)) \cdot (Y - E(Y))]$$
$$= \sum_{k=1}^{K} P_k (x_k - E(X)) \cdot (Y_k - E(Y))$$

- 共變數

$$Cov(X \cdot Y) = \sigma_{xy} = E[(X - E(X)) \cdot (Y - E(Y))]$$
$$= \sum_{k=1}^{K} P_k (x_k - E(X)) \cdot (Y_k - E(Y))$$

- Correlation

$$Corr(X \cdot Y) = \frac{\sigma_{xy}}{\sigma_x \cdot \sigma_y}$$

- 相關系數

$$Corr(X \cdot Y) = \frac{\sigma_{xy}}{\sigma_x \cdot \sigma_y}$$

where $\sum_{k=1}^{K} P_k = 1$, and

此處 $\sum_{k=1}^{K} P_k = 1$, 而

P_k	probability of state k	P_k	處於狀態k的概率
X_k	value of X in state k	X_k	狀態k時X的價值
Y_k	value of Y in state k	Y_k	狀態k時Y的價值
K	number of possible states	K	可能狀態的數目

Two random variables **X** and **Y**, in a sample of **N** observations of **xi** and **yi**	兩個隨機變量 **X** 和 **Y**，樣本包括 **N** 個 **xi** 及 **yi** 觀測值

- Sample expectation value

$$E(X) = \bar{x} = \frac{1}{N} \sum_{i=1}^{N} X_i$$

- 樣本預期值

$$E(X) = \bar{x} = \frac{1}{N} \sum_{i=1}^{N} X_i$$

- Sample variance

$$Var(X) = \hat{\sigma_x^2} = \frac{1}{N-1} \sum_{i=1}^{N} (x_i - x)^2$$

- 樣本變異數

$$Var(X) = \hat{\sigma_x^2} = \frac{1}{N-1} \sum_{i=1}^{N} (x_i - x)^2$$

- Sample covariance

$$Cov(X \cdot Y) = \hat{\sigma_{xy}} = \frac{1}{N-1} \sum_{i=1}^{N} (x_i - x) \cdot (y_i - y)$$

- 樣本共變數

$$Cov(X \cdot Y) = \hat{\sigma_{xy}} = \frac{1}{N-1} \sum_{i=1}^{N} (x_i - x) \cdot (y_i - y)$$

where

$x_i \cdot y_i$	observation i
$\bar{x} \cdot \bar{y}$	sample expected value of X and Y
$\hat{\sigma_x} \cdot \hat{\sigma_y}$	sample standard deviations of X and Y
$\hat{\sigma_{xy}}$	sample covariance of X and Y
N	number of observations

此處

$x_i \cdot y_i$	觀測值 i
$x \cdot y$	X 和 Y 的樣本期望值
$\hat{\sigma_x} \cdot \hat{\sigma_y}$	X 和 Y 的樣本標準差
$\hat{\sigma_{xy}}$	X 和 Y 的樣本共變數
N	觀測值的數目

Normal Distribution	正態分佈
• The probability density of the value of the variable x	• x 變量的值的概率密度

$$f(x) = \frac{1}{\sqrt{2 \cdot \pi \cdot \sigma}} \cdot e^{\frac{(x-\mu)^2}{2 \cdot \sigma^2}}$$

$$f(x) = \frac{1}{\sqrt{2 \cdot \pi \cdot \sigma}} \cdot e^{\frac{(x-\mu)^2}{2 \cdot \sigma^2}}$$

where

x	value of the variable
μ	expected value of the distribution
σ	standard deviation of the distribution

此處

x	變量的值
μ	該分佈的期望值
σ	該分佈的標準差

Computing and Annualizing Volatility	計算和年化波幅
• Computing volatility	• 計算波幅

$$\sigma = \sqrt{\frac{1}{N-1} \sum_{t=1}^{N} (r_t - \bar{r})^2} \cdot r = \frac{1}{N} \sum_{t=1}^{N} r_t$$

$$\sigma = \sqrt{\frac{1}{N-1} \sum_{t=1}^{N} (r_t - \bar{r})^2} \cdot r = \frac{1}{N} \sum_{t=1}^{N} r_t$$

where

σ	standard deviation of the returns (the volatility)
N	number of observation of returns
$r_t = ln \dfrac{pt}{pt-1}$	continuously compounded return of asset P over period t

此處

σ	回報率的標準差（波幅）
N	回報觀測值的數目
$r_t = ln \dfrac{pt}{pt-1}$	資產 P 在時段 t 的連續複利回報率

Annualizing Volatility	年化波幅
• Assuming that monthly returns are independent,	• 假設每月回報是獨立的，則

$$\sigma_{ann} = \sqrt{12} \cdot \sigma_m = \frac{\sigma_T}{\sqrt{T}}$$	$$\sigma_{ann} = \sqrt{12} \cdot \sigma_m = \frac{\sigma_T}{\sqrt{T}}$$
where	**此處**
σ_{ann} annualised volatility	σ_{ann} 年化的波幅
σ_m volatility of monthly returns	σ_m 每月回報的波幅
σ_T volatility of returns over period T	σ_T 時段 T 的回報波幅
T length of one period in years period T	T 以年為單位計算的時段 T 長度

Diversification and Portfolio Risk 分散化和投資組合風險

Average and Expected Return on a Portfolio	投資組合的平均回報和預期回報
• **Ex-Post Return on a Portfolio** P **in period** t	• 組合 P 在時段 t 的事後回報

$$R_{p \cdot t} = \sum_{i=1}^{N} x_i R_{i \cdot t} = x_1 R_{1 \cdot t} + x_2 R_{2 \cdot t} + \cdots + x_N R_{N \cdot t}$$	$$R_{p \cdot t} = \sum_{i=1}^{N} x_i R_{i \cdot t} = x_1 R_{1 \cdot t} + x_2 R_{2 \cdot t} + \cdots + x_N R_{N \cdot t}$$
where $\sum x_i = 1$, and	**此處** $\sum x_i = 1$，而
$R_{p \cdot t}$ return on the portfolio in period t	$R_{p \cdot t}$ 在 t 時段內組合的回報
$R_{i \cdot t}$ return on asset i in period t	$R_{i \cdot t}$ 在 t 時段內資產 i 的回報
x_i initial (at beginning of period) proportion of the portfolio invested in asset i	x_i 初始時資產 i 在組合內的比例
N number of assets in portfolio P	N 組合 P 中資產的數目

Expectation of the Portfolio Return	投資組合回報的預期
$$E(R_p)=\sum_{t=1}^{N}x_iE(R_i)=x_1E(R_1)+x_2E(R_2)+\cdots+x_NE(R_N)$$	$$E(R_p)=\sum_{t=1}^{N}x_iE(R_i)=x_1E(R_1)+x_2E(R_2)+\cdots+x_NE(R_N)$$
where	**此處**
$E(R_p)$ expected return on the portfolio	$E(R_p)$ 投資組合的預期回報率
$E(R_i)$ expected return on asset i	$E(R_p)$ 資產 i 的預期回報率
x_i relative weight of asset i in portfolio P	x_i 投資組合 P 中資產i的相對比重
N number of assets in portfolio P	N 投資組合 P 中資產的數目

Variance of the Portfolio Return	投資組合的變異數
$$Var(R_p)=\sigma_p^2=\sum_{i=1}^{N}\sum_{j=1}^{N}x_ix_j\sigma_{ij}=\sum_{i=1}^{N}\sum_{j=1}^{N}x_ix_j\rho_{ij}\sigma_i\sigma_j$$	$$Var(R_p)=\sigma_p^2=\sum_{i=1}^{N}\sum_{j=1}^{N}x_ix_j\sigma_{ij}=\sum_{i=1}^{N}\sum_{j=1}^{N}x_ix_j\rho_{ij}\sigma_i\sigma_j$$
where	**此處**
σ_p^2 variance of the portfolio return	σ_p^2 投資組合的變異數
σ_{ij} covariance between the returns on assets i and j	σ_{ij} 資產 i 和 j 回報率之間的共變數
ρ_{ij} correlation coefficient between the returns on assets i and j	ρ_{ij} 資產 i 和 j 回報率之間的相關系數
$\sigma_i\sigma_j$ standard deviations of the returns on assets i and j	$\sigma_i\sigma_j$ 資產 i 和 j 回報率的標準差
x_i initial proportion of the portfolio invested in asset i	x_i 初始時資產 i 在投資組合內的比例
x_j initial proportion of the portfolio invested in asset j	x_j 初始時資產 j 在投資組合內的比例
N number of assets in portfolio P	N 投資組合 P 中資產的數目

Capital Asset Pricing Model（CAPM）
資本市場定價模型（CAPM）

Capital Market Line（CML）	資本市場曲線（CML）

$$E(R_p) = r_f + \frac{E(R_M) - r_f}{\sigma_M}\,\sigma_p$$

$$E(R_p) = r_f + \frac{E(R_M) - r_f}{\sigma_M}\,\sigma_p$$

where

$E(R_p)$	expected return of portfolio P	**此處**	
r_f	risk free rate	$E(R_p)$	投資組合 P 的預期回報率
$E(R_M)$	expected return of the market portfolio	r_f	無風險利率
σ_M	standard deviation of the return on the market portfolio	$E(R_M)$	市場投資組合的預期回報率
σ_p	standard deviation of the portfolio return	σ_M	市場投資組合回報的標準差
		σ_p	投資組合回報的標準差

Security Market Line（SML）	證券市場曲線（SML）

$$E(R_i) = r_f + [E(R_M) - r_f] \cdot \beta_i$$
$$\beta_i = \frac{Cov(R_i \cdot R_M)}{Var(R_M)}$$

$$E(R_i) = r_f + [E(R_M) - r_f] \cdot \beta_i$$
$$\beta_i = \frac{Cov(R_i \cdot R_M)}{Var(R_M)}$$

where

$E(R_i)$	expected return of asset i	**此處**	
$E(R_M)$	expected return on the market portfolio	$E(R_i)$	資產 i 的預期回報率
r_f	risk free rate	$E(R_M)$	市場投資組合的預期回報率
β_i	beta of asset i	r_f	無風險利率
$Cov(R_i \cdot R_M)$	covariance between the returns on assets i and market portfolio	β_i	資產 i 的Beta值
		$Cov(R_i \cdot R_M)$	資產 i 回報率和市場組合回報率之間的共變數

$Var(R_M)$	variance of returns on the market portfolio		$Var(R_M)$	市場投資組合的回報率的變異數

Beta of a Portfolio | 投資組合的Beta值

$$\beta_p = \sum_{i=1}^{N} x_i \beta_i \qquad\qquad \beta_p = \sum_{i=1}^{N} x_i \beta_i$$

where

β_p	beta of the portfolio	β_p	投資組合的Beta
β_i	beta of asset i	β_i	資產 i 的Beta
x_i	proportion of the portfolio invested in asset i	x_i	投資組合投資於資產 i 的比例
N	number of assets in the portfolio	N	投資組合中資產的數目

此處

International CAPM | 國際CAPM

$$E(R_i) - r_f = \beta_i \cdot (E(RM) - r_f) + \sum_{k=1}^{K-1} y_{i \cdot k} \cdot (E(S_k) + r_f^k - r_f)$$

$$E(R_i) - r_f = \beta_i \cdot (E(RM) - r_f) + \sum_{k=1}^{K-1} y_{i \cdot k} \cdot (E(S_k) + r_f^k - r_f)$$

where

$E(R_i)$	expected return of asset i	$E(R_i)$	資產 i 的預期回報率
$E(RM)$	expected return on the market portfolio	$E(RM)$	市場投資組合的預期回報率
β_i	beta of asset i	β_i	資產 i 的Beta
r_f	risk-free rate in the domestic country	r_f	國內市場的無風險利率
S_k	exchange rate of country k	S_k	國家 k 的匯率
r_f^k	risk-free rate in country k	r_f^k	國家 k 的無風險利率
K	number of countries considered and	K	涉及國家的數目 並且

此處

$$y_{i \cdot k} = \frac{Cov[r_i \cdot S_k]}{Var(S_k)} \qquad\qquad y_{i \cdot k} = \frac{Cov[r_i \cdot S_k]}{Var(S_k)}$$

Arbitrage Pricing Theory（APT）
套利定價理論

$$E(R_i)=r_f+\sum_{j=1}^{N}\lambda_j\beta_{ij}$$

$$E(R_i)=r_f+\sum_{j=1}^{N}\lambda_j\beta_{ij}$$

where	此處
$E(R_i)$ expected return on asset i	$E(R_i)$ 資產 i 的預期回報率
r_f risk free rate	r_f 無風險利率
λ_j expected return premium per unit of sensitivity to the risk factor j	λ_j 每單位風險敏感度（對於風險因素 j）的預期回報溢價
β_{ij} sensitivity of asset i to risk factor j	β_{ij} 資產 i 風險因素 j 的敏感度
N number of risk factors	N 風險因素的數目

One Factor Models	單因素模型
• Single-Index Model（the case of asset or portfolio i）	• 單指數模型（資產或投資組合 i 的個案）

$$R_{it}=\alpha_i+\beta_i\cdot R_{index\cdot t}+\varepsilon_{it}$$

$$R_{it}=\alpha_i+\beta_i\cdot R_{index\cdot t}+\varepsilon_{it}$$

where	此處
R_{it} return on asset or portfolio i over period t	R_{it} 資產或投資組合 i 經過 t 時段之後的回報率
α_i intercept	α_i 截距
β_i sensitivity of asset or portfolio i to the index return	β_i 資產或投資組合 i 對指數的敏感度
$R_{index\cdot t}$ return on the index over period t	$R_{index\cdot t}$ 指數經過 t 時段後的回報率
ε_{it} random error term $(E(\varepsilon_{it})=0)$	ε_{it} 隨機誤差項 $(E(\varepsilon_{it})=0)$

• Market Model（the case of asset or portfolio i） $$R_{it}=\alpha_i+\beta_i\cdot R_{Mt}+\varepsilon_{it}$$	• 市場模型（資產或投資組合 i 的個案） $$R_{it}=\alpha_i+\beta_i\cdot R_{Mt}+\varepsilon_{it}$$
• Market model in expectation terms $$E(R_{it})=\alpha_i+\beta_i\cdot E(R_{Mt})$$	• 市場模型的預期形式 $$E(R_{it})=\alpha_i+\beta_i\cdot E(R_{Mt})$$

where		此處	
$E(R_{it})$	expected return on asset or portfolio i over period t	$E(R_{it})$	資產或投資組合 i 在時段 t 的預期回報率
α_i	intercept	α_i	截距
β_i	sensitivity of asset or portfolio i to the index return	β_i	資產或投資組合 i 對指數回報的敏感度
R_{Mt}	return on the market portfolio	R_{Mt}	市場投資組合回報率
ε_{it}	random error term $(E(\varepsilon_{it})=0)$	ε_{it}	隨機誤差項 $(E(\varepsilon_{it})=0)$

Covariance between two Assets in the Market Model or the CAPM $$\sigma_{ij}=\beta_i\cdot\beta_j\cdot\sigma^2_M$$	在市場模型中或CAPM 中兩種資產的共變數 $$\sigma_{ij}=\beta_i\cdot\beta_j\cdot\sigma^2_M$$

where		此處	
σ_{ij}	covariance between the returns of assets i and j	σ_{ij}	資產 i 和 j 回報率之間的共變數
β_i	beta of portfolio i	β_i	投資組合 i 的Beta
β_j	beta of portfolio j	β_j	投資組合 j 的Beta
σ^2_M	variance of the return on the market portfolio	σ^2_M	市場投資組合的回報率的變異數

Decomposing Variance into Systematic and Diversifiable Risk	把變異數分解成系統性風險和可分散的風險

- In the case of a single security

$$\sigma^2_i = \underbrace{\beta^2_i \cdot \sigma^2_M}_{market\ risk} + \underbrace{\sigma^2 \varepsilon_i}_{residual\ risk}$$

- 單一證券的個案

$$\sigma^2_i = \underbrace{\beta^2_i \cdot \sigma^2_M}_{市場風險} + \underbrace{\sigma^2 \varepsilon_i}_{殘餘風險}$$

where

σ^2_i	total variance of the return on asset or portfolio i
$\beta^2_i \cdot \sigma^2_M$	market or systematic risk (explained volatility)
$\sigma^2 \varepsilon_i$	residual or unsystematic risk (unexplained volatility)

此處

σ^2_i	資產或投資組合 i 回報的總變異數
$\beta^2_i \cdot \sigma^2_M$	市場或系統風險（被解釋的波幅）
$\sigma^2 \varepsilon_i$	剩餘風險或非系統風險（未解釋的波幅）

Quality of an index model：R^2 and ρ^2	指數模型的質素：R^2 和 ρ^2

$$R^2 = \frac{\beta^2_i \cdot \sigma^2_M}{\sigma^2_i} = \frac{\beta^2_i \cdot \sigma^2_M}{\beta^2_i \cdot \sigma^2_M + \sigma^2 \varepsilon_i} = 1 - \frac{\sigma^2 \varepsilon_i}{\sigma^2_i} = \rho^2_{it}$$

$$R^2 = \frac{\beta^2_i \cdot \sigma^2_M}{\sigma^2_i} = \frac{\beta^2_i \cdot \sigma^2_M}{\beta^2_i \cdot \sigma^2_M + \sigma^2 \varepsilon_i} = 1 - \frac{\sigma^2 \varepsilon_i}{\sigma^2_i} =$$

where

R^2	coefficient of determination in a regression of R_i (returns on asset i) or R_j (returns on index j)
σ^2_i	total variance of the returns on asset i
$\beta^2_i \cdot \sigma^2_M$	market or systematic risk (explained volatility)
$\sigma^2 \varepsilon_i$	residual or unsystematic risk (unexplained volatility)
ρ^2_{it}	correlation between asset i and the index j

此處

R^2	以 R_i（資產 i 的回報）R_j（指數 j 的回報）做回歸的相關系數
σ^2_i	資產 i 回報的總變異數
$\beta^2_i \cdot \sigma^2_M$	市場或系統風險（被解釋的波幅）
$\sigma^2 \varepsilon_i$	剩餘風險或非系統風險（未被解釋的波幅）
ρ^2_{it}	資產 i 和指數 j 間的相關系數

Multi-Factor Models	多風險因素模型

• Multi-Index Models	• 單一證券的個案

$$R_i = \alpha_i + \beta_{i1} I_1 + \beta_{i2} I_2 + \cdots + \beta_{in} I_n + \varepsilon_{it}$$

$$r_i = \alpha_i + \beta_{i1} I_1 + \beta_{i2} I_2 + \cdots + \beta_{in} I_n + \varepsilon_{it}$$

$$R_i = \alpha_i + \beta_{i1} I_1 + \beta_{i2} I_2 + \cdots + \beta_{in} I_n + \varepsilon_{it}$$

$$r_i = \alpha_i + \beta_{i1} I_1 + \beta_{i2} I_2 + \cdots + \beta_{in} I_n + \varepsilon_{it}$$

where	**此處**
α_i intercept	α_i 截距
R_i return on asset or portfolio i	R_i 資產或組合 i 的回報率
β_{ij} beta or sensitivity of the return of asset i to changes in index j	β_{ij} Beta 或 資產 i 回報對指數 j 變化的敏感度
I_j index j	I_j 指數 j
ε_i random error term	ε_i 隨機誤差項
n number of indices	n 指數的數目

Portfolio variance under a multi-index model (every index is assumed to be uncorrelated with each other)	多指數模型的投資組合變異數（假設每個指數互相無關）

$$\sigma^2_p = \beta^2_{p \cdot 1} \cdot \sigma^2_1 + \cdots + \beta^2_{p \cdot n} \cdot \sigma^2_n + \sigma^2_{\varepsilon P}$$

$$\sigma^2_p = \beta^2_{p \cdot 1} \cdot \sigma^2_1 + \cdots + \beta^2_{p \cdot n} \cdot \sigma^2_n + \sigma^2_{\varepsilon P}$$

where	**此處**
σ^2_p variance of the portfolio	σ^2_p 投資組合的變異數
σ^2_i variance of the asset or portfolio i	σ^2_i 資產或投資組合 i 的變異數
$\beta^2_{p \cdot i} \cdot \sigma^2_i$ systematic risk due to index j	$\beta^2_{p \cdot i} \cdot \sigma^2_i$ 源於指數 j 的系統風險
$\sigma^2_{\varepsilon P}$ residual risk	$\sigma^2_{\varepsilon P}$ 殘餘風險
n number of indices	n 指數的數目

Equity Portfolio Management 股東權益投資組合管理

Active Return	主動性回報
$$R^{P\cdot B}_{A\cdot t}=R^P_t-R^B_t$$	$$R^{P\cdot B}_{A\cdot t}=R^P_t-R^B_t$$
where	**此處**
$R^{P\cdot B}_{A\cdot t}$　active return in period t	$R^{P\cdot B}_{A\cdot t}$　時段 t 內的主動性回報
R^P_t　　return of the portfolio in period t	R^P_t　　投資組合在時段 t 內的回報
R^B_t　　return of the benchmark index in period t	R^B_t　　基準指數在時段 t 內的回報

Tracking Error	追蹤誤差
$$TE^{P\cdot B}=\sqrt{V(R^{P\cdot B}_A)}$$	$$TE^{P\cdot B}=\sqrt{V(R^{P\cdot B}_A)}$$
where	**此處**
$TE^{P\cdot B}$　tracking error	$TE^{P\cdot B}$　　追蹤誤差
$V(R^{P\cdot B}_A)$　variance of the active return	$V(R^{P\cdot B}_A)$　主動性回報的變異數

The Multi-Factor Model Approach	多風險因素模型方法
• Asset excess return	• 資產的超額回報
$$R_i=\sum_{j=1}^{NF} x_{i\cdot j}F_j+\varepsilon_i$$	$$R_i=\sum_{j=1}^{NF} x_{i\cdot j}F_j+\varepsilon_i$$
where	**此處**
R_i　　excess return of an asset i ($i=1$，$\cdots$，N)	R_i　　資產 i 的超額回報($i=1$，$\cdots$，N)
$x_{i\cdot j}$　exposure (factor-beta respectively factor-loading) of asset i to factor j	$x_{i\cdot j}$　風險因素 j 的暴露程度(風險因素的貝塔值)

F_j	excess return of factor j $(j = 1, \cdots, N)$	F_j	風險因素 j 的超額回報 $(j = 1, \cdots, N)$
ε_i	specific return of asset i (residual return)	ε_i	資產i的特殊回報 (殘餘回報)
NF	number of factors	NF	風險因素的數目

Portfolio excess return	投資組合的超額回報

$$R_p = X^2_p \cdot F + \varepsilon_p$$

where

$$X_p = (x_{P \cdot 1}, \cdots, x_{P \cdot NF}),$$
$$X_{p \cdot j} = \sum_{i=1}^{N} W_i^p \cdot X_{i \cdot j} (j = 1, \cdots, NF)$$

And

$$R_p = X^2_p \cdot F + \varepsilon_p$$

此處

$$X_p = (x_{P \cdot 1}, \cdots, x_{P \cdot NF}),$$
$$X_{p \cdot j} = \sum_{i=1}^{N} W_i^p \cdot X_{i \cdot j} (j = 1, \cdots, NF)$$

並且

R_p	excess return of portfolio	R_p	投資組合的超額回報
X_p	$1 \times NF$ vector of portfolio factor exposure	X_p	投資組合對風險因素的暴露程度的 $1 \times NF$ 矢量
$X_{i \cdot j}$	exposure (factor-beta respectively factor-loading) of asset i to factor j	$X_{i \cdot j}$	資產 i 對風險因素 j 的暴露程度 (風險因素Beta值)
$X_{p \cdot j}$	exposure of the portfolio to factor j	$X_{p \cdot j}$	投資組合對風險因素 j 的暴露程度
F	$(F_1, \cdots, F_{NF})$ the $NF \times 1$ vector of excess return of factor	F	$(F_1, \cdots, F_{NF})$ 風險因素的超額回報的 $NF \times 1$ 矢量
W_i^p	the weight of asset i in the portfolio	W_i^p	資產 i 在投資組合中的比重
$\varepsilon_p = \sum_{i=1}^{N} W^2_p \cdot \varepsilon_i$	specific return of the portfolio, where ε_i is the specific return of asset i	$\varepsilon_p = \sum_{i=1}^{N} W^2_p \cdot \varepsilon_i$	投資組合的特殊回報，ε_i是資產 i 的特殊回報
NF	number of factors	NF	風險因素的數目
N	number of assets in the portfolio	N	投資組合中資產的數目

Variance of the portfolio	投資組合的變異數

$$V(R_P) = x_P \cdot W \cdot x_P + S^2{}_P$$

$$S^2{}_P = \sum_{i=1}^{N} (R_i^p)^2 \cdot S^2{}_i$$

where	**此處**
R_P $1 \times NF$ vector of portfolio factor exposures	R_P 投資組合對風險因素的暴露程度的 $1 \times NF$ 矢量
W covariance matrix of vector F，i.e. of the factor returns	W 即風險因素回報的共變數 F 矩陣
x_P $NF \times 1$ vector of portfolio factor exposures	x_P 投資組合對風險因素的暴露程度的 $NF \times 1$ 矢量
$S^2{}_i$ variance of asset i specific return	$S^2{}_i$ 資產 i 的特殊回報的變異數
$S^2{}_P$ variance of the portfolio's specific return	$S^2{}_P$ 投資組合的特殊回報的變異數
N number of assets in the portfolio	N 投資組合中資產的數目

Tracking error	追蹤誤差

$$TE^{P \cdot B} = \sqrt{(x_P - x_B) \cdot W \cdot (x_P - x_B) + \sum_{i=1}^{N} (W_i^P - W_i^B) \cdot S^2{}_i}$$

where	**此處**
$TE^{P \cdot B}$ tracking error of the portfolio with respect to the benchmark	$TE^{P \cdot B}$ 投資組合對於基準指數的追蹤誤差
x_P $1 \times NF$ vector of portfolio factor exposures	x_P 投資組合對於風險因素的暴露程度的 $1 \times NF$ 矢量
x_B $1 \times NF$ vector of benchmark exposures to factor returns	x_B 基準指數對於風險因素的回報的暴露程度的 $1 \times NF$ 矢量

	English	Chinese
W	covariance matrix of vector F，i.e. of the factor returns	風險因素的回報的矢量 F 的共變數矩陣
X_P	$NF \times 1$ vector of portfolio exposures to factor returns	投資組合對於風險因素的回報的暴露程度的 $NF \times 1$ 矢量
X_B	$NF \times 1$ vector of benchmark exposures to factor returns	基準指數對於風險因素的回報的暴露程度的 $NF \times 1$ 矢量
W_i^P	weight of asset i in the portfolio	投資組合中資產 i 的比重
W_i^B	weight of asset i in the benchmark	基準指數中資產 i 的比重
S_i^2	variance of asset i specific return	資產 i 的特殊回報的變異數
N	number of assets in the portfolio	投資組合中資產的數目

Forecasting the tracking error　　　　　預測追蹤誤差

$$TE^{P,B} = \sqrt{(x_P - x_B) \cdot \tilde{W} \cdot (x_P - x_B) + \sum_{i=1}^{N} (W_i^P - W_i^B)^2 \cdot \tilde{S}_i^2}$$

$$TE^{P,B} = \sqrt{(x_P - x_B) \cdot \tilde{W} \cdot (x_P - x_B) + \sum_{i=1}^{N} (W_i^P - W_i^B)^2 \cdot \tilde{S}_i^2}$$

where　　　　**此處**

	English	Chinese
$TE^{P,B}$	forecasted tracking error of the portfolio with respect to the benchmark	投資組合對於基準指數的預測追蹤誤差
X_P	$1 \times NF$ vector of portfolio exposures to factor returns	投資組合對於風險因素的回報的暴露程度的 $1 \times NF$ 矢量
X_B	$1 \times NF$ vector of benchmark exposures to factor returns	基準指數對於風險因素的回報的暴露程度的 $1 \times NF$ 矢量
$\tilde{W}$	the forecast covariance matrix of vector F，i.e. of the factor returns	風險因素回報的矢量 F 的預測共變數矩陣
X_P	$NF \times 1$ vector of portfolio exposures to factor returns	投資組合對於風險因素的回報的暴露程度的 $NF \times 1$ 矢量

X_B	$NF \times 1$ vector of benchmark exposures to factor returns	X_B	基準指數對於風險因素的回報的暴露程度的 $NF \times 1$ 矢量
W_i^P	weight of asset i in the portfolio	W_i^P	投資組合中資產 i 的比重
W_i^B	weight of asset i in the benchmark	W_i^B	基準指數中資產 i 的比重
$\tilde{S}_i^2$	the forecast of the variance of asset i specific return	$\tilde{S}_i^2$	資產 i 的特殊回報的預測變異數
N	number of assets in the portfolio	N	投資組合中資產的數目

Expected active return	積極管理回報的預期

$$\tilde{R}_A^{P \cdot B} = \tilde{R}_P - \tilde{R}_B = \sum_{i=1}^{N} (W_i^P - W_i^B)^2 \cdot (\tilde{R}_i - \tilde{R}_B)$$ $$\tilde{R}_A^{P \cdot B} = \tilde{R}_P - \tilde{R}_B = \sum_{i=1}^{N} (W_i^P - W_i^B)^2 \cdot (\tilde{R}_i - \tilde{R}_B)$$

where | **此處**

W_i^P	weight of asset i in the portfolio	W_i^P	資產 i 在投資組合中的比重
W_i^B	weight of asset i in the benchmark	W_i^B	資產 i 在基準指數中的比重
$\tilde{R}_i$	expected return of asset i	$\tilde{R}_i$	資產 i 的預期回報
$\tilde{R}_P$	expected return of the portfolio	$\tilde{R}_P$	投資組合的預期回報
$\tilde{R}_B$	expected return of the benchmark	$\tilde{R}_B$	基準指數的預期回報
N	number of assets in the portfolio	N	投資組合中資產的數目

Expected tracking error	預期追蹤誤差

$$TE^{P \cdot B} = \sqrt{\sum_{i=1}^{N} \sum_{j=1}^{N} (W_i^P - W_i^B) \cdot \tilde{C}_{ij} \cdot (W_j^P - W_j^B)}$$

$$TE^{P \cdot B} = \sqrt{\sum_{i=1}^{N} \sum_{j=1}^{N} (W_i^P - W_i^B) \cdot \tilde{C}_{ij} \cdot (W_j^P - W_j^B)}$$

where

$\tilde{C}_{ij}$	the forecast of the covariance of asset i and j returns
W_i^P	weight of asset i in the portfolio
W_i^B	weight of asset i in the benchmark
N	number of assets in the portfolio

此處

$\tilde{C}_{ij}$	資產 i 和 j 的回報率的共變數的預測值
W_i^P	資產 i 在投資組合中的比重
W_i^B	資產 i 在基準指數中的比重
N	投資組合中資產的數目

Information ratio	信息比率

$$\tilde{IR}_A^{P \cdot B} = \frac{\tilde{R}_A^{P \cdot B}}{\tilde{TE}_A^{P \cdot B}}$$

$$\tilde{IR}_A^{P \cdot B} = \frac{\tilde{R}_A^{P \cdot B}}{\tilde{TE}_A^{P \cdot B}}$$

where

$\tilde{IR}_A^{P \cdot B}$	information ratio for portfolio P with respect to benchmark B
$\tilde{R}_A^{P \cdot B}$	the expected active return of the portfolio
$\tilde{TE}_A^{P \cdot B}$	the expected tracking error

此處

$\tilde{IR}_A^{P \cdot B}$	對於基準指數 B，投資組合 P 的信息比率
$\tilde{R}_A^{P \cdot B}$	投資組合的預期主動性回報
$\tilde{TE}_A^{P \cdot B}$	預期追蹤誤差

Hedging with Derivatives 用衍生工具套期保值（對沖）

Static Portfolio Insurance	靜態投資組合保險
• Portfolio Return	• 投資組合回報

$$r_{PC}+r_{PD}=r_f+\beta(r_{MC}+r_{MD}-r_f)$$

$$r_{PC}+r_{PD}=r_f+\beta(r_{MC}+r_{MD}-r_f)$$

where	此處
r_{PC} capital gain of the portfolio	r_{PC} 投資組合的資本收益
r_{PD} dividend yield of the portfolio	r_{PD} 投資組合的股息率
r_{MC} price index return	r_{MC} 價格指數回報率
r_{MD} dividend yield of the index	r_{MD} 指數的股息率
r_f risk-free rate	r_f 無風險利率
β portfolio beta with respect to the index	β 對應於指數的投資組合Beta

The protective put strategy	保護性認沽期權策略

$$N_P=\beta=\beta\cdot\frac{S_0}{I_0\cdot k}$$

$$N_P=\beta=\beta\cdot\frac{S_0}{I_0\cdot k}$$

where	此處
N_P number of protective put options	N_P 保護性認沽期權的數目
S_0 initial value of the portfolio to be insured	S_0 被保險的投資組合的期初價值
I_0 initial level of the index	I_0 指數的期初水平
β portfolio beta with respect to the index	β 對應於指數的投資組合Beta
k option contract size	k 期權合約規模

Initial Value of Insured Portfolio (per unit of option contract size)	保險投資組合的期初價值 (每單位期權合約規模)
$$V_0 = S_0 + \beta \cdot P(I_0 , T , K) \cdot \frac{S_0}{I_0}$$	$$V_0 = S_0 + \beta \cdot P(I_0 , T , K) \cdot \frac{S_0}{I_0}$$
where	**此處**
V_0 initial total value of the insured portfolio	V_0 保險投資組合的期初總價值
S_0 initial value of the portfolio to be insured	S_0 投資組合中被保險的期初價值
I_0 initial level of the index	I_0 指數的期初水平
β portfolio beta with respect to the index	β 對應於指數的投資組合 Beta
$P(I_0 , T , K)$ put premium for a spot I_0 , a strike K and maturity T	$P(I_0 , T , K)$ 對應於一個現貨價格是 I_0 ,行權價格是 K ,到期日是 T 的認沽期權金（價格）

Floor	下限
$$f = \frac{\emptyset}{V_0}$$	$$f = \frac{\emptyset}{V_0}$$
where	**此處**
f insured fraction of the initial total portfolio value	f 期初投資組合總價值中被保險的部分
$\emptyset$ floor (= ultimate portfolio value and minimum value of capital + dividend)	$\emptyset$ 下限（＝最終投資組合價值和資本的最小值＋股息）
V_0 initial total value of the insured portfolio	V_0 保險投資組合的期初總價值

Paying Insurance on Managed Funds	在管理基金中支付保險
$V_T=[(1-\beta)(1-r_f)=\beta \cdot r_{MD}+\beta \frac{K}{I_0}]\cdot S_0$ $=f\cdot[S_0+\beta \cdot P(I_0,T,K)\frac{S_0}{I_0}]$	$V_T=[(1-\beta)(1-r_f)=\beta \cdot r_{MD}+\beta \frac{K}{I_0}]\cdot S_0$ $=f\cdot[S_0+\beta \cdot P(I_0,T,K)\frac{S_0}{I_0}]$
Strike price	行權價格
$K=\frac{I_0}{\beta}[f\cdot(1+\beta)\cdot \frac{P(I_0,T,K)}{\beta}-(1-\beta)(1+r_f)-\beta \cdot r_{MD}]$	$K=\frac{I_0}{\beta}[f\cdot(1+\beta)\cdot \frac{P(I_0,T,K)}{\beta}-(1-\beta)(1+r_f)-$

where	**此處**
V_T total final value of the insured portfolio	V_T 保險投資組合的最終總價值
S_0 initial value of the portfolio to be insured	S_0 投資組合中被保險部分的期初價值
I_0 initial level of the index	I_0 指數的期初水平
β portfolio beta with respect to the index	β 對應於指數的投資組合 Beta
f insured fraction of the initial total portfolio value	f 期初總投資組合價值中被保險的部分
r_{MD} dividend yield of the index	r_{MD} 指數的股息率
r_f risk-free rate	r_f 無風險利率
$P(I_0,T,K)$ put premium for a spot I_0, a strike K and maturity T	$P(I_0,T,K)$ 一個現貨價格為 I_0、行權價格為 K，到期日為 T 的認沽期權金

In the Case of Insurance Paid Externally	保險由外部支付的情況
$V_T=[(1-\beta)(1+r_f)+\beta \cdot r_{MD}+\beta \dfrac{K}{I_0}] \cdot S_0 = f \cdot S_0$	$V_T=[(1-\beta)(1+r_f)+\beta \cdot r_{MD}+\beta \dfrac{K}{I_0}] \cdot S_0 = f \cdot S_0$
Strike price	行權價格
$K=\dfrac{I_0}{\beta}[f-(1-\beta)(1+r_f)-\beta \cdot r_{MD}]$	$K=\dfrac{I_0}{\beta}[f-(1-\beta)(1+r_f)-\beta \cdot r_{MD}]$

where

V_T total final value of the insured portfolio

S_0 initial value of the portfolio to be insured

I_0 initial level of the index

β portfolio beta with respect to the index

f insured fraction of the initial total portfolio value

r_{MD} dividend yield of the index

r_f risk-free rate

此處

V_T 保險投資組合的最終總價值

S_0 投資組合中被保險的最初價值

I_0 指數的最初水平

β 對應於指數的投資組合Beta

f 期初總投資組合價值中被保險的部分

r_{MD} 指數的股息率

r_f 無風險利率

Dynamic Portfolio Insurance	動態投資組合保險
• Price of a European Put on an Index Paying a Continuous Dividend Yield y • Black & Scholes Model	• 支付連續股息率 y 的指數的歐式認沽期權的價格 • 布萊克斯科爾斯模型

$$P(S_t,T,K)=K\cdot e^{-r_f(T-t)}\cdot N(-d_2)-S_t\cdot e^{-y(T-t)}\cdot N(-d_1)$$

$$d_1=\frac{In(\frac{S_t}{K})+(r_f+y)\cdot(T-t)}{\sigma\cdot\sqrt{T-t}}+\frac{1}{2}\cdot\sigma\cdot\sqrt{T-t}$$

$$d_2=d_1-\sigma\cdot\sqrt{T-t}$$

where

$P(S_t,T,K)$	put premium for a spot S_t, a strike K and maturity T	$P(S_t,T,K)$	一個現貨價格為 S_t，行權價格為 K，到期日為 T 的認沽期權金
S_t	index spot price at time t	S_t	時刻 t 的指數現貨價格
K	strike price	K	行權價格
r_f	risk-free rate (continuously compounded, p.a.)	r_f	年化連續複利無風險利率
y	dividend yield (continuously compounded, p.a.)	y	年化連續複利股息率
σ	volatility of index returns (p.a.)	σ	指數年化回報率波幅
$T-t$	time to maturity (in years)	$T-t$	到期時間(年為單位)
N	cumulative normal distribution function	N	累積計算正態分佈函數

Delta of a European Put on an Index Paving a Continuous Dividend Yield **y**	支付連續股息率 **y** 的指數的歐式認沽期權的德爾塔系數
$$\Delta p = e^{-y \cdot (T-t)}[N(d_t)-1]$$	$$\Delta p = e^{-y \cdot (T-t)}[N(d_t)-1]$$
where	**此處**
Δp delta of a put	Δp 認沽期權的德爾塔
y dividend yield (continuously compounded，p.a.)	y 連續複利計算的股息率 (年化)
$T-1$ time to maturity (in years)	$T-1$ 到期時間 (年為單位)

Dynamic Insurance with Futures	用期貨進行動態保險
$$N_F = e^{y \cdot (T-t)} \cdot e^{-rf \cdot (T-t)} \cdot [1-N(d_t)] \cdot \beta \cdot \frac{N_s}{k}$$	$$N_F = e^{y \cdot (T-t)} \cdot e^{-rf \cdot (T-t)} \cdot [1-N(d_t)] \cdot \beta \cdot \frac{N_s}{k}$$
where	**此處**
N_F number of future contracts	N_F 期貨合約數目
T^* maturity of the futures contract	T^* 期貨合約的到期時間
T maturity of the replicated put	T 被複製的認沽期權的到期時間
β risky asset beta with respect to the index	β 對應於指數的風險資產Beta
N_s number of units of the risky assets	N_s 風險資產單位數目
k futures contract size	k 期貨合約規模

Constant Proportion Portfolio Insurance (CPPI)	固定比例組合保險 (CPPI)

● Cushion

$$C_t = V_t - \emptyset_t$$

where

C_t	cushion
V_t	value of the portfolio
$\emptyset_t$	floor

● 保險墊

$$C_t = V_t - \emptyset_t$$

此處

C_t	保險墊
V_t	投資組合價值
$\emptyset_t$	下限

Amount Invested in Risky Assets	投資於風險資產的數目

$$A_t = N_{St} \cdot S_t = m \cdot C_t$$

where

A_t	total amount invested in the risky assets at time t
N_{St}	number of units of the risky assets
S_t	unit price of the risky assets
m	multiplier
C_t	cushion

$$A_t = N_{St} \cdot S_t = m \cdot C_t$$

此處

A_t	時刻 t 時投資在風險資產的總數額
N_{St}	風險資產每單位的數目
S_t	風險資產每單位的價格
m	乘數
C_t	保險墊

Amount Invested in Risk-Free Assets	投資於無風險資產的數目

$$B_t = V_t - A_t$$

where

B_t	value of the risk-free portfolio at time t
V_t	value of the total portfolio at time t
A_t	value of the risky portfolio at time t

$$B_t = V_t - A_t$$

此處

B_t	時刻 t 時無風險投資組合的價值
V_t	時刻 t 時整個投資組合的價值
A_t	時刻 t 時風險投資組合的價值

Hedging with Stock Index Futures
用股票指數期貨作套期保值（對沖）

Hedging when Returns are Normally Distributed (OLS Regression)	當回報率是正態分佈的套期保值（對沖）活動（OLS 回歸）
$$\frac{\Delta S_t}{S_t} = \alpha + \beta \cdot \frac{\Delta F_t}{F_{t,T}} = \alpha + \varepsilon_t$$ $$HR = \beta \cdot \frac{S_t}{F_{t,T}}$$	$$\frac{\Delta S_t}{S_t} = \alpha + \beta \cdot \frac{\Delta F_t}{F_{t,T}} = \alpha + \varepsilon_t$$ $$HR = \beta \cdot \frac{S_t}{F_{t,T}}$$

where		此處	
ΔS_t	changes in spot price at time t	ΔS_t	時刻 t 時現貨價格的變化
S_t	spot price at time t	S_t	時刻 t 時的現貨價格
α	intercept of the regression line	α	回歸線的截距
β	slope of the regression line	β	回歸線的斜率
ΔF_t	changes in the futures price at time t	ΔF_t	時刻 t 時期貨價格的變化
$F_{t,T}$	futures price at time t with maturity T	$F_{t,T}$	時刻 t 時，到期時間為 T 的期貨價格
ε_t	residual term	ε_t	殘餘項
HR	hedge ratio	HR	對沖比例

Using OLS Regression	使用OLS 回歸
$$N_F = -\beta \cdot \frac{N_S \cdot S_t}{k \cdot F_{t,T}}$$	$$N_F = -\beta \cdot \frac{N_S \cdot S_t}{k \cdot F_{t,T}}$$

where		此處	
β	slope of the regression line	β	回歸線的斜率
N_F	number of future contracts	N_F	期貨合約的數目
N_s	number of spot assets	N_s	現貨資產的數目

N_F	spot price at time t		N_F	時刻 t 時的現貨價格
$F_{T,t}$	futures price at time t with maturity T		$F_{T,t}$	時刻 t 時，到期時間為 T 的期貨價格
k	contract size		k	合約規模

Adjusting the Beta of a Stock Portfolio	調整股票投資組合的Beta值

$$HR_{adj} = (\beta^{actual} - \beta^{target}) \cdot \frac{S_t}{F_{t,T}}$$

$$N_F = (\beta^{actual} - \beta^{target}) \cdot \frac{N_S \cdot S_t}{k \cdot F_{t,T}}$$

$$HR_{adj} = (\beta^{actual} - \beta^{target}) \cdot \frac{S_t}{F_{t,T}}$$

$$N_F = (\beta^{actual} - \beta^{target}) \cdot \frac{N_S \cdot S_t}{k \cdot F_{t,T}}$$

where			**此處**	
HR_{adj}	hedge ratio to adjust the beta to the target beta		HR_{adj}	調整Beta到目標Beta值的對沖比例
β^{actual}	actual beta of the portfolio		β^{actual}	投資組合的實際Beta值
β^{target}	target beta of the portfolio		β^{target}	投資組合的目標Beta值
S_t	spot price at time t		S_t	時刻 t 時現貨價格
$F_{T,t}$	futures price at time t with maturity T		$F_{T,t}$	時刻 t 時，到期時間為 T 的期貨價格
N_F	number of futures contracts		N_F	期貨合約的數量
N_S	number of the spot asset to be hedged		N_S	將被對沖的現貨資產的數量
k	contract size		k	合約規模

Hedging with Interest Rate Futures
用利率期貨進行套期保值（對沖）

Hedge Ratio	對沖比例

$$HR = \rho_{\Delta B \cdot \Delta B} \frac{\sigma_{\Delta B}}{\sigma_{\Delta F}} = \frac{B_O \cdot D_B^{mod}}{F_{O \cdot T} \cdot D_F^{mod}}$$

$$HR = \rho_{\Delta B \cdot \Delta B} \frac{\sigma_{\Delta B}}{\sigma_{\Delta F}} = \frac{B_O \cdot D_B^{mod}}{F_{O \cdot T} \cdot D_F^{mod}}$$

where

HR	hedge ratio	
$\rho_{\Delta B \cdot \Delta B}$	correlation between bond portfolio and futures value	
$\sigma_{\Delta B} \sigma_{\Delta F}$	volatility of bond portfolio and futures returns respectively	
$D_B^{mod} D_F^{mod}$	modified duration of bond portfolio and futures respectively	
B_O	the value of the bond portfolio at time O	
$F_{O \cdot T}$	the value of the futures at time O	

此處

HR	對沖比例
$\rho_{\Delta B \cdot \Delta B}$	債券組合和期貨價值的相關系數
$\sigma_{\Delta B} \sigma_{\Delta F}$	債券組合和期貨回報的波幅
$D_B^{mod} D_F^{mod}$	債券組合和期貨的修正久期（存續期間）
B_O	時刻 O 時債券組合的價值
$F_{O \cdot T}$	時刻 O 時期貨的價值

Adjusting the Target Duration	調整目標久期（存續期間）

$$HR = \frac{S_O \cdot (D_S^{target} - D_S^{actual})}{F_{OT} \cdot D_F}$$

$$HR = \frac{S_O \cdot (D_S^{target} - D_S^{actual})}{F_{OT} \cdot D_F}$$

where

HR	hedge ratio
S_O	the value of the spot price at time O
D_S^{target}	the target duration

此處

HR	對沖比例
S_O	時刻 O 時的現貨價格
D_S^{target}	目標久期（存續期間）

D_S^{actual}	actual duration		D_S^{actual}	實際久期(存續期間)
F_{QT}	the futures price at time O		F_{QT}	時刻 O 時的期貨價格
D_F	the duration of the futures (i.e. of the CTD)		D_F	期貨(如,CTD)的久期(存續期間)

And the number of futures contracts to use:	使用期貨合約的數量:

$$N_F = \frac{P_O}{F_O} \cdot \frac{(D_T)-(D_P)}{(D_F)}$$

$$N_F = \frac{P_O}{F_O} \cdot \frac{(D_T)-(D_P)}{(D_F)}$$

where

N_F	number of futures contracts		N_F	期貨合約數量
P_O	market value of portfolio at time O		P_O	時刻 O 時的投資組合市值
F_O	market value of futures at time 0		F_O	時刻 O 時的期貨市值
D_T	the target duration		D_T	目標久期(存續期間)
D_P	the portfolio duration		D_P	投資組合久期(存續期間)
D_F	the futures duration		D_T	期貨的久期(存續期間)

此處

Performance Measurement
績效測量

Internal Rate of Return (IRR)	內部回報率 (IRR)

$$CF_O = \sum_{t=1}^{N} \frac{CF_t}{(1+IRR)^t} \qquad CF_O = \sum_{t=1}^{N} \frac{CF_t}{(1+IRR)^t}$$

where

CF_O initial net cash flow

CF_t net cash flow at the end of period t

IRR internal rate of return (per period)

N number of periods

此處

CF_O 期初淨現金流

CF_t 時段 t 結束時的淨現金流

IRR 內部回報率 (每時段)

N 時段數目

Time Weighted Return (TWR)	時間加權回報率 (TWR)
• Simple Return	• 單利回報率

$$TWR_{t/t-1} = \frac{MV_{end \cdot t} - MV_{begin \cdot t}}{MV_{begin \cdot t}} = \frac{MV_{end \cdot t}}{MV_{begin \cdot t}} - 1 \qquad TWR_{t/t-1} = \frac{MV_{end \cdot t} - MV_{begin \cdot t}}{MV_{begin \cdot t}} = \frac{MV_{end \cdot t}}{MV_{begin \cdot t}} - 1$$

where

$TWR_{t/t-1}$ simple time weighted return for sub-period t

$MV_{end \cdot t}$ market value at the beginning of sub-period t

$MV_{begin \cdot t}$ market value at the end of sub-period t

此處

$TWR_{t/t-1}$ 子時段 t 的單利時間加權回報率

$MV_{end \cdot t}$ 子時段 t 期初的市場價值

$MV_{begin \cdot t}$ 子時段 t 結束時的市場價值

Continuously Compounded Return	複利（連續複合計算）回報率
$$twr_{t/t-1}=In(\frac{MV_{end \cdot t}}{MV_{begin \cdot t}})$$	$$twr_{t/t-1}=In(\frac{MV_{end \cdot t}}{MV_{begin \cdot t}})$$
where	此處
$twr_{t/t-1}$ continuously compounded time weighted return for sub-period t	$twr_{t/t-1}$ 子時段 t 的複利時間加權回報率
$MV_{end \cdot t}$ market value at the beginning of sub-period t	$MV_{end \cdot t}$ 子時段 t 期初的市場價值
$MV_{begin \cdot t}$ market value at the end of sub-period t	$MV_{begin \cdot t}$ 子時段 t 結束時的市場價值
Total period simple return	整個時段單利回報率
$$1+TWR_{tot}=\prod_{t=1}^{N}(1+TWR_{t/t-1})$$	$$1+TWR_{tot}=\prod_{t=1}^{N}(1+TWR_{t/t-1})$$
where	此處
TWR_{tot} simple time weighted return for the total period	TWR_{tot} 整個時段的單利時間加權回報率
$TWR_{t/t-1}$ simple time weighted return for sub-period t	$TWR_{t/t-1}$ 子時段 t 的單利時間加權回報率
Total Period Continuously Compounded Return	整個時段的連續複利回報率
$$twr_{tot}=\sum_{t=1}^{N}twr_{t/t-1}$$	$$twr_{tot}=\sum_{t=1}^{N}twr_{t/t-1}$$
where	此處
twr_{tot} continuously compounded time weighted return for the total period	twr_{tot} 整個時段的連續複利時間加權回報率

$twr_{t/t-1}$ continuously compounded time weighted return for sub-period t	$twr_{t/t-1}$ 子時段 t 的連續複利時間加權回報率
N number of periods	N 時段數目

Money Weighted Return（MWR）

Gain or Loss Incurred on a Portfolio

Gain =（Ending Market Value −
    Beginning Market Value）−
    Net Cash Flow

幣值加權回報率（MWR）

投資組合中的獲利/損失

獲利 =（期末市值−期初市值）
    −淨現金流

Net Cash Flow（NCF）

$$NCF = (\sum C_t + \sum P_t + \sum E_t)$$

where

NCF	net cash flow
C_t	effective contributions
P_t	purchases
E_t	immaterial contributions measured by the expenses they generate
W_t	effective withdrawals
S_t	sales
D_t	net dividend and other net income
R_t	reclaimable taxes

淨現金流（NCF）

$$NCF = (\sum C_t + \sum P_t + \sum E_t)$$

此處

NCF	淨現金流
C_t	有效投入
P_t	採購
E_t	以他們產生的開支來量度的非物質投入
W_t	有效贖回
S_t	銷售額
D_t	淨股息或其他收益
R_t	可再申報的稅收

Average Invested Capital（AIC）	複利（連續複合計算）回報率
Average Invested Capital＝ Beginning Market Value＋Weighted Cash Flow	**平均投資資本＝期初市值＋加權平均現金流**

- Dietz Formula（I）

$$AIC = MV_{begin \cdot t} + \frac{1}{2} \cdot NCF$$

where

AIC average invested capital

$MV_{begin \cdot t}$ market value at the beginning of the period

NCF net cash flow

- 迪茨公式（I）

$$AIC = MV_{begin \cdot t} + \frac{1}{2} \cdot NCF$$

此處

AIC 平均投資資本

$MV_{begin \cdot t}$ 期初市值

NCF 淨現金流

- Dietz Formula（II）

$$MWR = \frac{(MV_{end} - MV_{begin}) - NCF}{MV_{begin} + \frac{1}{2} \cdot NCF}$$

where

MWR money weighted return

MV_{begin} market value at the beginning of the period

MV_{end} market value at the end of the period

NCF net cash flow

- 迪茨公式（II）

$$MWR = \frac{(MV_{end} - MV_{begin}) - NCF}{MV_{begin} + \frac{1}{2} \cdot NCF}$$

此處

MWR 幣值加權回報率

MV_{begin} 期初市值

MV_{end} 期末市值

NCF 淨現金流

Value Weighted Day（VWD）	按價值加權日數（VWD）
$$VMD_j = \frac{\sum C_{j \cdot i} \cdot t_i}{\sum C_{j \cdot i}}$$	$$VMD_j = \frac{\sum C_{j \cdot i} \cdot t_i}{\sum C_{j \cdot i}}$$
where	**此處**
VMD_j value weighted day of the total cash flow of type j (contributions，purchases，sales...)	VMD_j j 種類行為（投入、採購、銷售、等）的總現金流的價值加權日期
$C_{j \cdot i}$ i^{th} cash flow of type j (contributions，purchases，sales...)	$C_{j \cdot i}$ j 種類行為（投入、採購、銷售、等）的第 i 次現金流
t_i day when the i-th cash flow takes place	t_i 第 i 次現金流發生的日期

Day Weighted Return	按日數加權回報率
$$\begin{aligned} AID &= MV_{begin} + \sum_{cash\,flow} \frac{t_{end} - t_i}{t_{end} - t_{begin}} \cdot CF_i \\ &= MV_{begin} + (P_C \sum C_i + P_P \sum P_i + P_E \sum E_i) \\ &\quad - (P_W \sum W_i + P_S \sum S_i + P_D \sum D_i + P_R \sum R_i) \\ &= WCF \end{aligned}$$	$$\begin{aligned} AID &= MV_{begin} + \sum_{cash\,flow} \frac{t_{end} - t_i}{t_{end} - t_{begin}} \cdot CF_i = MV_{begin} \\ &= MV_{begin} + (P_C \sum C_i + P_P \sum P_i + P_E \sum E_i) \\ &\quad - (P_W \sum W_i + P_S \sum S_i + P_D \sum D_i + P_R \sum R_i) \\ &= WCF \end{aligned}$$
where	**此處**
AID average invested capital	AID 平均投資資本
MV_{begin} market value at the beginning of the period	MV_{begin} 期初市值
t_i time of cash flow i	t_i 現金流 i 的時間
t_{begin} time corresponding to the beginning of the period	t_{begin} 時段開始的時間
t_{end} time corresponding to the end of the period	t_{end} 時段結束的時間

CF_i	cash flow		CF_i	現金流
C_i	effective contributions		C_i	有效投入
P_i	purchases		P_i	採購額
E_i	immaterial contributions measured by the expenses they generate		E_i	非物質投入（以它們產生的開支來量度）
W_i	effective withdrawals		W_i	有效贖回
S_i	sales		S_i	銷售額
D_i	net dividend and other net income		D_i	淨股息或其他收益
R_i	reclaimable taxes		R_i	可再申報的稅收
WCF	weighted cash flow		WCF	加權平均現金流

PC, PP, PE, PW, PS, PD and PR are the weights

PC，PP，PE，PW，PS，PD和 PR是加權比重

$$Weight = P_j + \frac{\sum (t_{end} - t_i) \cdot CF_{ji}}{(t_{end} - t_{begin}) \cdot \sum CF_{ji}} = \frac{t_{end} - VMD_j}{t_{end} - t_{begin}}$$

where

i	various cash flow types (contributions, purchases, expenses etc.)
$CF_{j,i}$	i^{th} cash flow of type j
VWD_j	value weighted day

$$Weight = P_j + \frac{\sum (t_{end} - t_i) \cdot CF_{ji}}{(t_{end} - t_{begin}) \cdot \sum CF_{ji}} = \frac{t_{end} - VMD_j}{t_{end} - t_{begin}}$$

此處

i	各種現金流（投入、採購、開支等）
$CF_{j,i}$	j種類的第i次現金流
VWD_j	價值加權日期

Risk Adjusted Performance Measures	風險調整後的績效評估

- Sharpe Ratio（Reward-to-Variability Ratio）

$$RVAR_p = \frac{\bar{r}_p - \bar{r}_f}{\sigma_p}$$

- Treynor Ratio（Reward-to-Volatility Ratio）

$$RVOL_p = \frac{\bar{r}_p - \bar{r}_f}{\beta_p}$$

- Jensen's α

$$\alpha_p = (\bar{r}_p = \bar{r}_f) - \beta_p(\bar{r}_m = \bar{r}_f)$$

- Information Ratio（Appraisal Ratio）

$$AR_p = \frac{\alpha}{\sigma_\varepsilon}$$

where

$\bar{r}_p$	average portfolio return
$\bar{r}_m$	average market return
$\bar{r}_f$	average risk-free rate
α_p	Jensen's alpha
α	active return（excess return）
β_p	portfolio beta
σ_p	portfolio volatility
σ_ε	active risk（standard deviation of the tracking error）

- 夏普比率（收益－變動性比率）

$$RVAR_p = \frac{\bar{r}_p - \bar{r}_f}{\sigma_p}$$

- 崔納比率

$$RVOL_p = \frac{\bar{r}_p - \bar{r}_f}{\beta_p}$$

- 詹森阿爾法系數

$$\alpha_p = (\bar{r}_p = \bar{r}_f) - \beta_p(\bar{r}_m = \bar{r}_f)$$

- 資認比率

$$AR_p = \frac{\alpha}{\sigma_\varepsilon}$$

此處

$\bar{r}_p$	平均投資組合回報率
$\bar{r}_m$	平均市場回報率
$\bar{r}_f$	平均無風險回報率
α_p	詹森阿爾法系數
α	主動性回報（超額回報）
β_p	投資組合Beta值
σ_p	投資組合波幅
σ_ε	主動性風險（追蹤誤差的標準差）

Relative Investment Performance	相對投資績效
• Elementary Price Indices	• 基礎價格指數
$$P_{t/0} = \frac{P_t}{P_t} \cdot B = (1 + R_{t/0}) \cdot B$$	$$P_{t/0} = \frac{P_t}{P_t} \cdot B = (1 + R_{t/0}) \cdot B$$
where	**此處**
$P_{t/0}$ elementary price index at time t with basis at time 0	$P_{t/0}$ 以時刻 0 為基期，在時刻 t 的基礎價格指數
P_0 price of the original good at time 0	P_0 時刻 0 時原始商品的價格
P_t price of the unchanged good at time t	P_t 時刻 t 時原始商品的價格
$R_{t/0}$ index return for the period starting at 0 and ending at t	$R_{t/0}$ 從時刻 0 到時刻 t 間指數回報率
B index level at the reference time	B 基期的指數水平
• Price-Weighted Indices	• 加權價格指數
$$U_{t/0} = \frac{\sum_{j=1}^{n} P_t^j}{\sum_{j=1}^{n} P_0^j} \cdot B = \frac{P_t^1 + P_t^2 + \cdots + P_t^n}{P_0^1 + P_0^2 + \cdots + P_0^n} \cdot B$$ $$= D_{t/0}^{-1} = \sum_{j=1}^{n} C_{t/0}^j \cdot P_0^j$$ $$= \frac{P_t^1 + P_t^2 + \cdots + P_t^n}{D_{t/0}} \cdot B$$	$$U_{t/0} = \frac{\sum_{j=1}^{n} P_t^j}{\sum_{j=1}^{n} P_0^j} \cdot B = \frac{P_t^1 + P_t^2 + \cdots + P_t^n}{P_0^1 + P_0^2 + \cdots + P_0^n} \cdot B$$ $$= D_{t/0}^{-1} = \sum_{j=1}^{n} C_{t/0}^j \cdot P_0^j$$ $$= \frac{P_t^1 + P_t^2 + \cdots + P_t^n}{D_{t/0}} \cdot B$$
where	**此處**
$U_{t/0}$ price-weighted index at time t with time basis 0	$U_{t/0}$ 時刻 t 的加權價格指數(基期為 0)
n number of securities	n 證券數目
t actual time（time t）	t 實際時刻(時刻 t)
0 reference time（the index basis，time 0）	0 基期時刻(指數基期，時刻 0)
j the jth security	j 第 j 種證券

$D_{t/0}$	divisor	$U_{t/0}$	除數

$D_{t/0}$ — divisor | $U_{t/0}$ — 除數

P_t^j, P_0^j — price of security j at time t, respectively at time 0 | P_t^j, P_0^j — 分別代表時刻 t 和時刻 0 的證券 j 的價格

$C_{t/0}^j$ — adjustment coefficient for a corporate action on security j ($=1$ at time 0) | $C_{t/0}^j$ — 證券 j 一個公司行動的調整系數（時刻 0 的值等於1）

B — index level at the reference time | B — 基期的指數水平

Equally Weighted Price Indices | 相等權重價格指數

• Arithmetic average of the elementary price indices | • 基礎價格指數的算術平均值

$$\bar{P}_{t/0} = \frac{1}{n} \cdot \sum_{j=1}^{n} P_{t/0}^j = \frac{P_{t/0}^1 + P_{t/0}^2 + \cdots + P_{t/0}^n}{n}$$

$$\bar{P}_{t/0} = \frac{1}{n} \cdot \sum_{j=1}^{n} P_{t/0}^j = \frac{P_{t/0}^1 + P_{t/0}^2 + \cdots + P_{t/0}^n}{n}$$

where | **此處**

$\bar{P}_{t/0}$ — arithmetic average of the elementary price indices | $\bar{P}_{t/0}$ — 基礎價格指數的算術平均值

n — number of elementary price indices | n — 基礎價格指數的數目

$P_{t/0} = \dfrac{P_j^t}{C_{t/0}^j \cdot P_0^j}$ — elementary index for security j | $P_{t/0} = \dfrac{P_j^t}{C_{t/0}^j \cdot P_0^j}$ — 證券 j 的基礎價格指數

P_t^j, P_0^j — price of security j at time t, respectively at time 0 | P_t^j, P_0^j — 分別代表時刻 t 和時刻 0 的證券 j 的價格

$C_{t/0}^j$ — adjustment coefficient for a corporate action on security j ($=1$ at time 0) | $C_{t/0}^j$ — 證券 j 一間公司行動的調整系數（時刻 0 的值等於 1）

- Geometric average of the elementary price indices

$$\bar{P}_{t/0 \cdot g} = [\prod_{j=1}^{n} P_{t/0}^j]^{1/n} = (P_{t/0}^1 \cdot P_{t/0}^2 \cdot \cdots \cdot P_{t/0}^n)^{1/n}$$
$$= \sqrt{P_{t/0}^1 \cdot P_{t/0}^2 \cdot \cdots \cdot P_{t/0}^n}$$

where

$\bar{P}_{t/0 \cdot g}$	geometric average of the elementary price indices
n	number of elementary price indices
$P_{t/0}^j = \dfrac{P_t^j}{C_{t/0}^j \cdot P_0^j}$	elementary index for security j
$P_t^j \cdot P_0^j$	price of security j at time t respectively at time 0
$C_{t/0}^j$	adjustment coefficient for a corporate action on security j $(=1$ at time $0)$

- Capital Weighted Price Indices (Laspeyres Indices)

$$PIL_{t/0} = \frac{\sum_{j=1}^{n} P_t^j \cdot Q_t^j}{\sum_{j=1}^{n} P_0^j \cdot Q_t^j} = \sum_{j=1}^{n} W_0^j \cdot P_{t/0}^j = \sum_{j=1}^{n} \frac{P_0^j \cdot Q_0^j}{\sum_{j=1}^{n} P_0^j \cdot Q_t^j} \cdot P_{t/0}^j$$

$$P_{t/0}^j = \frac{P_t^j}{P_0^j} = 1 + R_{t/0}^j$$

where

$PIL_{t/0}$	Laspeyres capital-weighted index
P_t^j	actual price of security j
Q_t^j	number of outstanding securities j at the basis

- 基礎價格指數的幾何平均值

$$\bar{P}_{t/0 \cdot g} = [\prod_{j=1}^{n} P_{t/0}^j]^{1/n} = (P_{t/0}^1 \cdot P_{t/0}^2 \cdot \cdots \cdot P_{t/0}^n)^{1/n}$$
$$= \sqrt{P_{t/0}^1 \cdot P_{t/0}^2 \cdot \cdots \cdot P_{t/0}^n}$$

此處

$\bar{P}_{t/0 \cdot g}$	基礎價格指數的幾何平均值
n	基礎價格指數的數量
$P_{t/0}^j = \dfrac{P_t^j}{C_{t/0}^j \cdot P_0^j}$	證券 j 的基礎價格指數
$P_t^j \cdot P_0^j$	分別代表時刻 t 和時刻 0 的證券 j 的價格
$C_{t/0}^j$	證券 j 對一間公司行為的調整系數（時刻 0 的值等於 1）

- 資本加權價格指數（拉斯佩爾指數）

$$PIL_{t/0} = \frac{\sum_{j=1}^{n} P_t^j \cdot Q_t^j}{\sum_{j=1}^{n} P_0^j \cdot Q_t^j} = \sum_{j=1}^{n} W_0^j \cdot P_{t/0}^j = \sum_{j=1}^{n} \frac{P_0^j \cdot Q_0^j}{\sum_{j=1}^{n} P_0^j \cdot Q_t^j}$$

$$P_{t/0}^j = \frac{P_t^j}{P_0^j} = 1 + R_{t/0}^j$$

此處

$PIL_{t/0}$	資本加權拉斯佩爾指數
P_t^j	證券 j 的實際價格
Q_t^j	基期（時刻 0）證券 j 發行在外的數量

	(time 0)		
P_0^j	price of security j at the basis (time 0)	P_0^j	基期(時刻 0)證券 j 的價格
W_0^j	weight of security j in the index at the basis i.e. relative market capitalization of security j at the basis (time 0)	W_0^j	基期(時刻 0)證券 j 在指數中的權重，即在基期時證券 j 相對於市場規模
$R_{t/0}^j$	return in security j between the basis and time t	$R_{t/0}^j$	從基期(時刻 0)到時刻 t，證券 j 的回報率
n	number of elementary price indices	n	基礎價格指數的數目

• Index Scaling

$$I_{t/0}^{scaled} = \frac{I_{t/0}^{original}}{I_{tk/0}^{original}} \cdot B_{tk} = I_{t/0}^{original} \cdot \frac{B_{tk}}{I_{tk/0}^{original}}$$

where

$I_{t/0}^{scaled}$ scaled index at time t with base 0 and level B_{tk} at scaling time tk

$I_{t/0}^{original}$ original index at time t with basis 0

$I_{tk/0}^{original}$ original index at scaling time tk with basis 0

B_{tk} scaling level（typically 100 or 1000）

• 指數縮放

$$I_{t/0}^{縮放} = \frac{I_{t/0}^{原始}}{I_{tk/0}^{原始}} \cdot B_{tk} = I_{t/0}^{原始} \cdot \frac{B_{tk}}{I_{tk/0}^{原始}}$$

此處

$I_{t/0}^{縮放}$ 以 0 為基期及時間 tk 的縮放 B_{tk} 水平而得出於縮放時刻 t 的縮放指數

$I_{t/0}^{原始}$ 以時刻 0 為基期，時刻 t 的未縮放指數

$I_{tk/0}^{原始}$ 以時刻 0 為基期，在縮放時間 tk 時的未縮放指數

B_{tk} 縮放水平(通常是100 或 1000)

<table>
<tr><td>

- Index Chain-Linking

$$I_{t/0}^{chained} = \frac{I_{t/0}^{new}}{I_{tk/0}^{new}} \cdot I_{tk}^{old} = F_{t/tk} \cdot I_{tk/0}^{old}$$

where

$I_{t/0}^{chained}$ chained index level at time t, with original basis in 0

$I_{t/0}^{new}$ new index computed at time t

$I_{tk/0}^{new}$ new index computed at chain-linking time tk

$I_{tk/0}^{old}$ old index level at chain-linking time tk

$F_{t/tk}$ chaining factor at time t, with chain-linking time $tk=1+R_{t/tk}$

</td><td>

- 基礎價格指數的幾何平均值

$$I_{t/0}^{鏈接} = \frac{I_{t/0}^{新}}{I_{tk/0}^{新}} \cdot I_{tk}^{舊} = F_{t/tk} \cdot I_{tk/0}^{舊}$$

此處

$I_{t/0}^{鏈接}$ 時刻 t 的鏈接型指數水平，以時刻 0 為基期

$I_{t/0}^{新}$ 時刻 t 的新指數

$I_{tk/0}^{新}$ 鏈接時刻 tk 的新指數

$I_{tk/0}^{舊}$ 鏈接時刻 tk 舊指數水平

$F_{t/tk}$ 時刻 t 的鏈接因子，鏈接時刻為 $tk=1+R_{t/tk}$

</td></tr>
</table>

<table>
<tr><td>

$$I_{t/0}^{chained} = F_{t/t-1} \cdot F_{t/t-2} \cdots \cdot F_{2/1} \cdot F_{1/0} \cdot B_0$$
$$= (1+R_{t/t-1}) \cdot (1+R_{t-1/t-2}) \cdots \cdot (1+R_{2/1}) \cdot (1+R_{1/0}) \cdot B_0$$

where

$R_{t/t-1}$ elementary index return for period t

B_0 index level at reference time 0

</td><td>

$$I_{t/0}^{chained} = F_{t/t-1} \cdot F_{t/t-2} \cdots \cdot F_{2/1} \cdot F_{1/0} \cdot B_0$$
$$= (1+R_{t/t-1}) \cdot (1+R_{t-1/t-2}) \cdots \cdot (1+R_{2/1}) \cdot (1+R_{1/0}$$

此處

$R_{t/t-1}$ 時段 t 基礎指數回報率

B_0 時刻 t（基期）的指數水平

</td></tr>
</table>

<table>
<tr><td>

Sub-Indices

</td><td>

子指數

</td></tr>
<tr><td>

- General Index

$$I_{t/0}^{general} = \sum W_{t/0}^{k_t^i} \cdot I_{t/0}^{k_t^i}$$

where

$I_{t/0}^{general}$ index level for the general

</td><td>

- 總指數

$$I_{t/0}^{general} = \sum W_{t/0}^{k_t^i} \cdot I_{t/0}^{k_t^i}$$

此處

$I_{t/0}^{general}$ 時刻 t 的總指數水平（基期為

</td></tr>
</table>

	index at time t with reference time 0		時刻 0 ）
$I_{t/0}^{k_t}$	index level for the segment k^t at time t with reference time 0	$I_{t/0}^{k_t}$	時刻 t 時 k^t 板塊的指數水平（基期為時刻 0 ）
$W_{t/0}^{k_t}$	the relative market capitalization of the segment k^t at time t	$W_{t/0}^{k_t}$	時刻 t 時 k^t 板塊的相對市場規模

• Sub-Index Weight	• 子指數的權重

$$W_0^k = \sum_{j=k} W_0^j = \sum_{j=k} \frac{P_0^j \cdot Q_0^j}{\sum_{j=k}^n P_0^j \cdot Q_0^j}$$

$$W_0^k = \sum_{j=k} W_0^j = \sum_{j=k} \frac{P_0^j \cdot Q_0^j}{\sum_{j=k}^n P_0^j \cdot Q_0^j}$$

where

此處

W_0^k	the relative market capitalization of the segment k	W_0^k	k 板塊的相對市場規模
W_0^j	the relative market capitalization of security j	W_0^j	證券 j 的相對市場規模
$\sum_{j=k}$	the sum over all securities in segment k	$\sum_{j=k}$	板塊 k 的所有證券的總和
$\sum_{j=k}^n$	the sum over all n securities in the general	$\sum_{j=k}^n$	一般總指數中的所有 n 種證券的總和
$P_0^j \cdot P_0^i$	aggregated index market price of security i and security j at time 0	$P_0^j \cdot P_0^i$	證券 j 和證券 i 在時刻 0 的價格
$Q_0^j \cdot Q_0^i$	number of outstanding shares of security i and security j at time 0	$Q_0^j \cdot Q_0^i$	證券 j 和證券 i 在時刻 0 時在已發行的數量

Performance Indices	績效指標
• Elementary Performance Index	• 基礎績效指數

$$I_{t/0}^{perf} = F_{t/s} \cdot I_{s/0}^{perf} = (1+R_{t/s}) \cdot I_{s/0}^{perf}$$
$$= (1+R_{t/s}) \cdot (1+R_{s/s-1}) \cdot (1+R_{s-1/s-2}) \cdots \cdot$$
$$(1+R_{2/1}) \cdot (1+R_{1/0}) \cdot B_0$$

$$I_{t/0}^{perf} = F_{t/s} \cdot I_{s/0}^{perf} = (1+R_{t/s}) \cdot I_{s/0}^{perf}$$
$$= (1+R_{t/s}) \cdot (1+R_{s/s-1}) \cdot (1+R_{s-1/s-2}) \cdots \cdot$$
$$(1+R_{2/1}) \cdot (1+R_{1/0}) \cdot B_0$$

where	此處
$I_{t/0}^{perf}$ index level at time t	$I_{t/0}^{perf}$ 時刻 t 的指數水平
$I_{s/0}^{perf}$ index level at time s	$I_{s/0}^{perf}$ 時刻 s 的指數水平
$F_{t/s}$ compounding or chain-linking factor	$F_{t/s}$ 鏈接因子
$R_{t/s}$ elementary index performance from time s until time t	$R_{t/s}$ 從時刻 s 到時刻 t 的基礎績效指數
B_0 index level at reference time 0	B_0 時刻 0（基期）的指數水平

Compounding Factor in the Presence of Dividend	含股息的複合因子

$$F_{t/s}^i = \frac{\sum_{j=k_s^i}^{l} (P_t^j + D_{s+1}^j) \cdot Q_s^j}{\sum_{j=k_s^i}^{l} P_s^j \cdot Q_s^j}$$

$$F_{t/s}^i = \frac{\sum_{j=k_s^i}^{l} (P_t^j + D_{s+1}^j) \cdot Q_s^j}{\sum_{j=k_s^i}^{l} P_s^j \cdot Q_s^j}$$

where	此處
j security j in segment i	j 板塊 i 中的證券 j
$F_{t/s}^i$ compounding factor for segment i	$F_{t/s}^i$ 板塊 i 中的複合因子
Q_s^j number of outstanding shares of security j at previous closing time s	Q_s^j 於上一個收盤時刻 s 時，證券 j 已發行的數量

P_s^j	cum-dividend price of security j at previous closing time s		P_s^j	於上一個收盤時刻 s 時，證券 j 的含股息價格
P_t^j	ex-dividend price of security j at actual time t dividend		P_t^j	實際時刻 t，證券 j 的除淨價
D_{s+1}^j	detached from security j on day $s+1$		D_{s+1}^j	在 $s+1$ 日證券 j 派發的股息
k_s^i	segmenton k^i day s		k_s^i	在 s 日 k^i 的板塊

Compounding Factor in the Presence of Subscription Rights

含優先認購權的複合複合因子

$$F_{t/s}^i = \frac{\sum_{j=k_s}^{l}(P_t^j + R_{s+1}^j) \cdot Q_t^j}{\sum_{j=k_s}^{l} P_s^j \cdot Q_s^j}$$

$$F_{t/s}^i = \frac{\sum_{j=k_s}^{l}(P_t^j + R_{s+1}^j) \cdot Q_t^j}{\sum_{j=k_s}^{l} P_s^j \cdot Q_s^j}$$

where

此處

j	security j in segment i		j	板塊 i 中的證券 j
$F_{t/s}^i$	compounding factor for segment i		$F_{t/s}^i$	板塊 i 的複合因子
Q_s^j	number of outstanding shares of security j at previous closing time s		Q_s^j	於上一個收盤時刻 s 時，證券 j 已發行的數量
P_s^j	cum-right price of security j at previous closing time s		P_s^j	於上一個收盤時刻 s 時，證券 j 的含權價
P_t^j	ex-right price of security j at actual time t		P_t^j	實際時刻 t 證券j的除淨價
R_{s+1}^j	price quoted for the right detached from security j on day $s+1$		R_{s+1}^j	在 $s+1$ 日對應證券 j 的權利的報價
k_s^i	segmenton k^i day s		k_s^i	在 s 日的板塊

Multi-Currency Investments and Interest Rate Differentials	多貨幣投資和利率差異

• Simple Currency Return	• 單一貨幣回報率
$$1+C_{BC/LC}=\frac{S_{BC/LC \cdot t}}{S_{BC/LC \cdot t-1}}$$	$$1+C_{BC/LC}=\frac{S_{BC/LC \cdot t}}{S_{BC/LC \cdot t-1}}$$

where	**此處**
$C_{BC/LC}$ simple currency return	$C_{BC/LC}$ 單一貨幣回報率
$S_{BC/LC \cdot t}$ spot exchange rate at the end of the period	$S_{BC/LC \cdot t}$ 期末現貨匯率
$S_{BC/LC \cdot t-1}$ spot exchange rate at the beginning of the period	$S_{BC/LC \cdot t-1}$ 期初現貨匯率
BC base currency	BC 基準貨幣
LC local currency	LC 本國貨幣

Forward Exchange Rate Return	遠期匯率回報率

$$1+C_{F \cdot BC/LC}=\frac{F_{BC/LC \cdot t}}{S_{BC/LC \cdot t-1}}=\frac{1+r_{f \cdot BC} \cdot (T-t)}{1+r_{f \cdot LC} \cdot (T-t)}$$	$$1+C_{F \cdot BC/LC}=\frac{F_{BC/LC \cdot t}}{S_{BC/LC \cdot t-1}}=\frac{1+r_{f \cdot BC} \cdot (T-t)}{1+r_{f \cdot LC} \cdot (T-t)}$$

where	**此處**
$C_{F \cdot BC/LC}$ simple currency forward return	$C_{F \cdot BC/LC}$ 單一貨幣遠期匯率回報率
$S_{BC/LC \cdot t-1}$ spot exchange rate at time t	$S_{BC/LC \cdot t-1}$ 時刻 t 的現貨匯率
$F_{BC/LC \cdot t}$ forward exchange rate at time t with expiration in T	$F_{BC/LC \cdot t}$ 時刻 t 時，到期日為 T 的遠期匯率
$r_{f \cdot BC}$ risk-free rate on the base currency	$r_{f \cdot BC}$ 基準貨幣的無風險利率
$r_{f \cdot LC}$ risk-free rate on the local currency	$r_{f \cdot LC}$ 本國貨幣的無風險利率

BC	base currency	BC	基準貨幣	
LC	local currency	LC	本國貨幣	

預期之外的貨幣回報率

$$1+C_{BC/LC}=\frac{S_t}{F_{t-1\cdot 1}}\cdot\frac{1+r_{f\cdot BC}}{1+r_{f\cdot LC}}$$
$$=(1+E_{BC/LC})\cdot(1+C_{F\cdot BC/LC})$$

$$1+C_{BC/LC}=\frac{S_t}{F_{t-1\cdot 1}}\cdot\frac{1+r_{f\cdot BC}}{1+r_{f\cdot LC}}$$
$$=(1+E_{BC/LC})\cdot(1+C_{F\cdot BC/LC})$$

where

$C_{BC/LC}$	simple currency return
$E_{BC/LC}$	unexpected currency return
$C_{F\cdot BC/LC}$	simple currency forward return
S_t	spot price at the end of the period
$F_{t-1\cdot 1}$	forward rate for one period at the beginning of the period
$r_{f\cdot BC}$	risk-free rate on the base currency
$r_{f\cdot LC}$	risk-free rate on the local currency
BC	base currency
LC	local currency

此處

$C_{BC/LC}$	單一貨幣回報率
$E_{BC/LC}$	預期之外的貨幣回報率
$C_{F\cdot BC/LC}$	單一貨幣遠期匯率回報率
S_t	期末現貨匯率
$F_{t-1\cdot 1}$	期初時，從期初到期末的遠期匯率
$r_{f\cdot BC}$	基準貨幣的無風險利率
$r_{f\cdot LC}$	本國貨幣的無風險利率
BC	基準貨幣
LC	本國貨幣

Performance attribution analysis
績效評價分析

Attribution Methods Based on Simple Linear Regression	簡單線性回歸的分解方法
• Jensen's α	• 詹森阿爾法
$\alpha_p = R_p - R_E = (R_p + R_B) + (R_B + R_E)$	$\alpha_p = R_p - R_E = (R_p + R_B) + (R_B + R_E)$
where	**此處**
$R_B = r_f + \dfrac{\sigma_p}{\sigma_M} \cdot (R_M + r_f)$	$R_B = r_f + \dfrac{\sigma_p}{\sigma_M} \cdot (R_M + r_f)$
$R_E = r_f + \beta_p \cdot (R_M + r_f)$	$R_E = r_f + \beta_p \cdot (R_M + r_f)$
where	**此處**
α_p — Jensen's alpha	α_p — 詹森阿爾法
R_p — actual portfolio return	R_p — 實際投資組合回報率
R_M — actual market return	R_M — 實際市場回報率
r_f — risk-free rate	r_f — 無風險利率
R_E — portfolio return at equilibrium with beta equal to β_p	R_E — 值為的投資組合的均衡回報率 β_p
R_B — portfolio return at equilibrium with volatility σ_p	R_B — 波幅為的投資組合的均衡回報率 σ_p
σ_p — equal to portfolio volatility	σ_p — 投資組合的波幅
σ_M — market volatility	σ_M — 市場波幅

Fama's Break-up of Excess Return	法瑪的超額回報率分解
$R_p - r_f = (R_p - R_B) + (R_B + R_E) + (R_E - R_M) + (R_M - r_f)$ $\underset{\text{Net Selectivity}}{} \quad \underset{\text{Diversification}}{} \quad \underset{\substack{\text{Return premium} \\ \text{of specific rick}}}{} \quad \underset{\substack{\text{Return premium} \\ \text{of market rick}}}{}$	$R_p - r_f = (R_p - R_B) + (R_B + R_E) + (R_E - R_M) + (R_M - r_f)$ $\underset{\text{Net Selectivity}}{} \quad \underset{\text{Diversification}}{} \quad \underset{\substack{\text{Return premium} \\ \text{of specific rick}}}{} \quad \underset{\substack{\text{Return premium} \\ \text{of market rick}}}{}$

where

		此處	
R_p	actual portfolio return	R_p	實際投資組合回報率
r_f	risk-free rate	r_f	無風險利率
R_B	portfolio return at equilibrium with volatility equal to σ_p	R_B	波幅為的投資組合的均衡回報率 σ_p
R_E	portfolio return at equilibrium with beta equal to	R_E	值為的投資組合的均衡回報率
R_M	actual market return	R_M	實際市場回報率

International Investments
國際投資

Simple Return	單利回報率
$$1 + R_{Dt} = (1 + R_{Ft}) \cdot (1 + S_t)$$	$$1 + R_{Dt} = (1 + R_{Ft}) \cdot (1 + S_t)$$

where

		此處	
R_{Dt}	simple rate of return denominated in domestic currency	R_{Dt}	以本地貨幣 (本幣) 計價的單利回報率
R_{Ft}	simple rate of return denominated in foreign currency	R_{Ft}	以外幣計價的單利回報率
S_t	relative change (depreciation or appreciation) in the value of the domestic currency	S_t	本幣幣值的相對變化 (貶值或升值)

Continuously Compounded Return	連續複利回報率

$$r_{Dt} = r_{Ft} + S_t^{cc}$$

where

r_{Dt}	continuously compounded rate of return denominated in domestic currency
r_{Ft}	continuously compounded rate of return denominated in foreign currency
S_t^{cc}	continuously compounded relative change（depreciation or appreciation）in the value of the domestic currency

$$r_{Dt} = r_{Ft} + S_t^{cc}$$

此處

r_{Dt}	以本幣計價的連續複利回報率
r_{Ft}	以外幣計價的連續複利回報率
S_t^{cc}	本幣幣值以連續複利計算的相對變化（貶值或升值）

Variance of Continuously Compounded Returns	連續複利回報率的變異數

$$Var[r_{Dt}] = Var[r_{Ft}] + Var[S_t^{cc}] + 2 \cdot Cov[r_{Ft}, S_t^{cc}]$$

$$Var[r_{Dt}] = Var[r_{Ft}] + Var[S_t^{cc}] + 2 \cdot Cov[r_{Ft}, S_t^{cc}]$$

where

Var	the variance operator
Cov	the covariance operator
r_{Dt}	continuously compounded rate of return denominated in domestic currency
r_{Ft}	continuously compounded rate of return denominated in foreign currency

此處

Var	變異數函數
Cov	共變數函數
r_{Dt}	以本幣計價的連續複利的回報率
r_{Ft}	以外幣計價的連續複利的回報率

S_t^{cc}	continuously compounded relative change（depreciation or appreciation）in the value of the domestic currency	S_t^{cc}	本幣幣值以連續複利計算的相對變化（貶值或升值）

<table>
<tr><td>A Single Currency Attribution Model by Brinson</td><td>布裏森（Brinson）單一貨幣歸因模型</td></tr>
</table>

$$VA = R - I = \sum W_{pj} \cdot R_{pj} - \sum W_{ij} \cdot R_{ij}$$
$$= \sum (W_{pj} - W_{ij}) \cdot R_{ij} + W_{ij} \cdot (R_{ij} - R_{ij})$$
$$+ (W_{pj} - W_{ij}) \cdot (R_{rj} - R_{ij})$$

$$VA = R - I = \sum W_{pj} \cdot R_{pj} - \sum W_{ij} \cdot R_{ij}$$
$$= \sum (W_{pj} - W_{ij}) \cdot R_{ij} + W_{ij} \cdot (R_{ij} - R_{ij})$$
$$+ (W_{pj} - W_{ij}) \cdot (R_{rj} - R_{ij})$$

where

VA	value added	VA	增值
R	portfolio return	R	投資組合回報率
I	benchmark return	I	基準回報率
$\sum$	sum over every market in the portfolio and in the benchmark	$\sum$	投資組合和基準組合中所有市場的總和
R_{pj}	portfolio return in each market	R_{pj}	投資組合中各個市場回報率
R_{ij}	index return in each market	R_{ij}	指數中各各個市場回報率
W_{pj}	portfolio weight in each market at the beginning of the period	W_{pj}	期初時在投資組合中各個市場的權重
W_{ij}	index weight in each market at the beginning of the period	W_{ij}	期初時在指數中各個市場的權重

Practitioners' Break-up of Value Added	從業員的增值分解法

$$VA = R - 1$$
$$= \sum (W_{pj} - W_{ij}) \cdot (R_{ij} + I) + \sum W_{pj} \cdot (R_{pj} + R_{ij})$$

$$VA = R - 1$$
$$= \sum (W_{pj} - W_{ij}) \cdot (R_{ij} + I) + \sum W_{pj} \cdot (R_{pj} + R_{ij})$$

where	此處
VA value added	VA 增值
R portfolio return	R 投資組合回報率
I benchmark return	I 基準回報率
$\sum$ sum over every market in the portfolio and in the benchmark	$\sum$ 投資組合和基準組合中所有市場的總和
R_{pj} portfolio return in each market	R_{pj} 投資組合中各個市場的回報率
R_{ij} index return in each market portfolio weight in each	R_{ij} 指數中各個市場的回報率
W_{pj} market at the beginning of the period	W_{pj} 期初投資組合中各個市場的權重
W_{ij} index weight in each market at the beginning of the period	W_{ij} 期初指數中各個市場的權重

Multi-Currency Attribution and Interest Rate Differentials	多貨幣歸因和利率差異

• Value Added in Base Currency	• 以基準貨幣計價的增值
$$V_{aBC} = r_{BC} - i_{BC}$$	$$V_{aBC} = r_{BC} - i_{BC}$$

where	此處
V_{aBC} value added in base currency	V_{aBC} 以基準貨幣計價的增值

r_{BC}	portfolio return in base currency（continuously compounded）	r_{BC}	以基準貨幣計價的投資組合回報率（連續複利）
i_{BC}	benchmark return in base currency（continuously compounded）	i_{BC}	以基準貨幣計價的基準組合回報率（連續複利）

Base Currency Adjusted Market Return	經調整的基準貨幣市場回報率

$$r_{BC \cdot adj} = r_{LC} + r_{f \cdot BC} + r_{f \cdot LC}$$

$$r_{BC \cdot adj} = r_{LC} + r_{f \cdot BC} + r_{f \cdot LC}$$

where		**此處**	
$r_{BC \cdot adj}$	adjusted local market return in base currency	$r_{BC \cdot adj}$	經調整後以基準貨幣計價的本地市場回報率
r_{LC}	local market return in local currency		以本地貨幣計價的本地市場回報率
$r_{f \cdot BC}$	risk-free rate in base currency at the beginning of the period	$r_{f \cdot BC}$	期初基準貨幣的無風險回報率
$r_{f \cdot LC}$	risk-free rate in local currency at the beginning of the period	$r_{f \cdot LC}$	期初本地貨幣的無風險回報率

Unexpected Currency Return	預期之外的貨幣回報率

$$E_{BC/LC} = C_{BC/LC} + r_{f \cdot BC} + r_{f \cdot LC}$$

$$E_{BC/LC} = C_{BC/LC} + r_{f \cdot BC} + r_{f \cdot LC}$$

where		**此處**	
$E_{BC/LC}$	unexpected currency return	$E_{BC/LC}$	預期之外的貨幣回報率
$C_{BC/LC}$	actual currency return	$C_{BC/LC}$	實際貨幣回報率

$r_{f\cdot BC}$	risk-free rate in base currency at the beginning of the period	$r_{f\cdot BC}$ 期初基準貨幣的無風險回報率
$r_{f\cdot LC}$	risk-free rate in local currency at the beginning of the period	$r_{f\cdot LC}$ 期初本地貨幣的無風險回報率

Break-up of Value Added in Base Currency

基準貨幣增加值的分解

$$V_{aBC} = \left(\sum W_p \cdot r_{BC\cdot p\cdot adj} - \sum W_i \cdot r_{BC\cdot i\cdot adj} \right) + \left(\sum W_p \cdot E_p - \sum W_i \cdot E_i \right)$$

$$V_{aBC} = \left(\sum W_p \cdot r_{BC\cdot p\cdot adj} - \sum W_i \cdot r_{BC\cdot i\cdot adj} \right) + \left(\sum W_p \cdot E_p - \sum W_i \cdot E_i \right)$$

where

V_{aBC}	value added in base currency	V_{aBC} 以基準貨幣計價的增值
$\sum$	sum over every market in the portfolio and in the benchmark	$\sum$ 對投資組合和基準組合的所有市場的總和
$r_{BC\cdot p\cdot adj}$	adjusted portfolio return of the local market in base currency	$r_{BC\cdot p\cdot adj}$ 經調整後以基準貨幣計價的本地市場的投資組合回報率
$r_{BC\cdot i\cdot adj}$	adjusted index return of the local market in base currency	$r_{BC\cdot i\cdot adj}$ 經調整後以基準貨幣計價的本地市場指數回報率
E_p	unexpected portfolio currency return	E_p 預期之外的投資組合貨幣回報率
E_i	unexpected passive currency return	E_i 預期之外的被動貨幣回報率
W_p	portfolio weight in each market at the beginning of the period	W_p 期初各個市場在投資組合的權重

此處

W_i index weight in each market at the beginning of the period

W_i 期初各個市場在指數權重

投資組合 ⊞⊳ 方位管理

RICH026

書名：	投資組合全方位管理——基金經理是這樣減低風險
作者：	彭宣衛博士
校閱：	何宇澤
助理：	陳秀儀
編輯：	米羔
設計：	4res
出版：	紅出版（藍天圖書）
	地址：香港灣仔道133號卓凌中心11樓
	出版計劃查詢電話：(852) 2540 7517
	電郵：editor@red-publish.com
	網址：http://www.red-publish.com
香港總經銷：	聯合新零售（香港）有限公司
台灣總經銷：	貿騰發賣股份有限公司
	地址：新北市中和區立德街136號6樓
	(886) 2-8227-5988
	http://www.namode.com
出版日期：	2023年1月
圖書分類：	金融投資
ISBN：	978-988-8822-37-9
定價：	港幣138元正/ 新台幣550元正